建設業者と行政書士
のための

建設業財務諸表
の最強ガイド

行政書士法人Co-Labo代表社員
小林裕門
Kobayashi Hiroto

アニモ出版

はじめに

　令和5年（2023年）1月から、建設業許可の各種申請や届出、経営事項審査の電子申請が始まりました。

　電子申請は、さまざまな行政サービスにログインできるようになる【ＧビズＩＤ】を用いて、建設業許可・経営事項審査電子申請システム（通称「ＪＣＩＰ」）から行なうことができます。令和6年10月現在、大阪府と福岡県を除く行政庁にて電子申請が可能となっています。

建設業許可・経営事項審査電子申請システム
https://prod.jcip.mlit.go.jp/TO/TO00001

　このＪＣＩＰにより、決算変更届や役員変更届などの手数料を伴わない届出はもちろん、毎年の経営事項審査（経営規模等評価）申請や5年に一度の建設業許可更新申請等の手数料を伴うものまでもが電子化され、手続きから手数料納付まですべてがオンラインで完結するようになりました。

　電子化によって、役所を往復する時間や窓口で順番待ちをする時間がなくなり、24時間365日申請できるようになり、各種原本書類の提示を求められていたものが写しで可になったり、郵送代がかからないので出費が抑えられたりと、申請者にとってはメリットが多々あります。

　慣れるまでは少し手間取るかもしれませんが、慣れてしまえばとても便利です。しかし、便利な反面、気をつけなければならない点もあります。それが「電子閲覧」です。

　電子閲覧とは、各種申請や届出を電子化したデータについて、イ

ンターネットなど電子的な手法を用いて閲覧に供することをいいます。

　建設業許可の申請書類等は、建設業法第13条により閲覧に供されることとされており、閲覧制度自体は電子化以前から存在していましたが、行政庁まで出向く必要があったり、閲覧するのに手数料がかかったりと、アナログゆえに心理的・経済的なハードルがありました。

　しかし、この閲覧制度の電子化に伴って、建設業許可電子閲覧システム（JCIP電子閲覧システム）によって誰でも無料で手軽に閲覧することができるようになりました。

建設業許可電子閲覧システム
https://prod-internet.jcip.mlit.go.jp/Client

　そもそも建設業法において閲覧制度は、財務状況や同種工事の実績や資格者の人数等の情報を閲覧に供することで、発注者が安心して建設業者を選定することができるようにとの趣旨で設けられました。

　したがって、誰でも無料で手軽に閲覧ができる電子閲覧によって閲覧のハードルが下がったことは、発注者保護という建設業法の本来の趣旨からすると歓迎されるべきことです。しかし、こと建設業者にとっては、必ずしも歓迎されていません。そして、これが電子申請の普及の障害になっていることも間違いありません。

　私は、閲覧のハードルが下がったことで、今後は建設業者間の相互監視が強まると考えています。この会社は工事の丸投げ（一括下請負）をやっているんじゃないか？　うちの元請会社はこの工事をいくらで請け負ったんだろうか？　あの会社の配置技術者は適切な

んだろうか？　等、あまり表には出したくない情報が赤裸々に公開されてしまうわけです。

いままでも閲覧所では、帝国データバンクや東京商工リサーチなどの信用調査会社が閲覧をして、会社の情報が売買されてきましたが、電子閲覧により建設業者自身が手軽に他社情報を入手できる環境が整ったのです。国も建設業界の自浄作用を期待していると考えることもできます。

発注者保護の観点から、閲覧の制度をなくすことはまず不可能でしょう。そうなると「電子閲覧＝業界内での相互監視」ということにきちんと向き合っていかなければなりません。

建設業法違反が疑われる書類になっていないか？　知らずしらずのうちに虚偽申請になってしまっていないか？　等、いままで以上に建設業法令を理解して申請や届出を行なう必要が出てきているのです。

そこで重要になってくるのが、建設業者に毎年提出が義務づけられている決算変更届です。事業年度が終了するたびにその年の決算状況と工事実績を行政庁に報告することになっていますが、これをなんとなくで済ませていたり、軽んじている建設業者や行政書士が散見されます。

これは看過できない由々しき事態だと思い、建設業財務諸表の作成方法についてきちんとまとめる必要があると感じて、本書を上梓しました。本書の構成と解説内容は以下のとおりです。

1章では、建設業財務諸表のしくみとその根拠について、概要を説明しています。決算書と建設業財務諸表は別モノです！　なぜ決算書ではダメなのか？　建設業財務諸表の根拠はなんなのか？　建設業財務諸表を作成する前に、建設業財務諸表の重要性と全体像をつかんでいただければと思います。

2章では、建設業財務諸表のうち貸借対照表（様式第15号）の作成方法を解説しています。貸借対照表に登場する各勘定科目の説明とともに、貸借対照表の作成時に押さえておくべき作成のルールをまとめています。

　3章では、建設業財務諸表のうち損益計算書（様式第16号）の作成方法を解説しています。損益計算書に登場する各勘定科目の説明とともに、押さえておくべき作成のルールをまとめています。3章の最後では、一番悩むことが多い完成工事原価報告書の作成方法についても決算書別に解説しているので、会社の決算書と見比べながらお読みください。

　4章では、建設業財務諸表の残りの株主資本等変動計算書、注記表、附属明細表、事業報告書の作成方法について解説しています。特に注記表については、必須の記載項目を実務上の視点から網羅しているので、記載する際の参考にしてください。

　5章では、簡単ではありますが、個人事業の建設業財務諸表（様式第18、19号）の作成方法について解説しています。同業の行政書士から質問が多い、貸借対照表が作成されていない場合の対処方法についても解説しているので、特に行政書士は必読です。

　6章では、経営事項審査で必要になる建設業財務諸表の作成方法について解説しています。私の著書『中小建設業者のための「公共工事」受注の最強ガイド』（アニモ出版）の内容と重複する部分もありますが、経営状況分析（Y点）の8指標の解説と、気をつけるべき税金の処理については、ぜひ押さえておいていただきたいところです。

　最後に、巻末資料として、「建設業財務諸表を作成するためのチ

ェックリスト33」と「勘定科目の翻訳一覧」を用意しました。迷っ
たときには何度でも本書を参照していただき、末永くご活用いただ
ければ幸いです。

　本書をご一読いただいたときに、「ここまでやる必要があるの？」
と思われる方もいるかもしれません。しかし、前述のとおり、ＪＣ
ＩＰ電子閲覧により建設業者間の相互監視が強まっていきます。
　意図的な虚偽申請は当然ＮＧですが、"知らなかった"や"うっ
かり"が原因で、虚偽になってしまったり疑義にひっかかってしま
ったりしないよう、本書をお役立ていただければ幸甚です。

　2024年10月　　　　　　　　　　　　行政書士　小林　裕門

本書の内容は、2024年10月20日現在の法令等にもとづいています。

建設業者と行政書士のための 建設業財務諸表の最強ガイド

も　く　じ

はじめに

1章
建設業財務諸表のしくみと法的根拠

1-1 建設業財務諸表と決算書は別モノ！ ————— 14
◎言葉の定義が異なる
◎決算書には２種類ある
◎決算書を建設業財務諸表に"翻訳"する必要がある

1-2 なぜ転記ではダメなのか？ ————— 18
◎建設業財務諸表の法的根拠とは

1-3 建設業財務諸表の全体像を理解しておこう ————— 20
◎建設業財務諸表の構成はどうなっているか

1-4 貸借対照表のしくみ ————— 22
◎年度末時点の財政状況を示している

1-5 損益計算書のしくみ ————— 24
◎会社の経営成績を示している

CONTENTS

2章
貸借対照表の作成方法

2-1 貸借対照表（様式第15号）の勘定科目 ———————— 28
◎貸借対照表にはどんな勘定科目があるか

2-2 貸借対照表の作成ルール①
ワンイヤールール（1年基準）———————————— 53
◎ワンイヤールール（1年基準）とは
◎役員借入金のワンイヤールール

2-3 決算書の勘定科目を疑おう！ ———————————— 56
◎特定建設業の場合の流動比率に要注意
◎流動比率をクリアしていないと更新できない？

2-4 貸借対照表の作成ルール②
正常営業循環基準 ———————————————— 60
◎正常営業循環基準とは
◎正常営業循環基準とワンイヤールールを使う順番

2-5 貸借対照表の作成ルール③
貸借対照表の5％ルール ————————————— 64
◎記載要領にもとづいて記載する

2-6 貸借対照表の作成ルール④
固定資産の記載のルール ————————————— 66
◎建設業財務諸表の記載のしかたとは
◎科目別間接控除法によらない場合の注意点

3章

損益計算書および
完成工事原価報告書の作成方法

3-1 損益計算書（様式第16号）の勘定科目————— 70
◎損益計算書にはどんな勘定科目があるか

3-2 完成工事原価報告書（様式第16号）の勘定科目——— 83
◎完成工事原価報告書にはどんな勘定科目があるか

3-3 人件費をどう分けるのかの問題をスッキリ解決！——— 85
◎人件費の勘定科目は数種類ある
◎役所が目を光らせている中小建設業者の人件費

3-4 決算書別の完成工事原価のつくり方————————— 88
◎ケース①：工事原価に「経費のうち人件費」がない
◎ケース②：工事原価に人件費が一切出てこない
◎ケース③：工事原価の内訳がまったくわからない

3-5 なぜ決算書では人件費を分けないのか？————— 97
◎人件費を区別しない2つの理由

3-6 役員報酬と法定福利費は必ず計上する—————— 99
◎なぜ必ず計上しなければならないのか

3-7 損益計算書の10％ルール——————————— 103
◎「10％ルール」とはなにか？

4章

B/S、P/L以外の建設業財務諸表の作成方法

4-1 株主資本等変動計算書の作成方法——————— 106

◎株主資本等変動計算書とは

◎株主資本等変動計算書の記載のしかた

4-2 注記表の作成方法 ————————110

◎注記表のしくみとは

◎注記表2（1）資産の評価基準及び評価方法

◎注記表2（2）固定資産の減価償却の方法

◎注記表2（3）引当金の計上基準

◎注記表2（4）収益及び費用の計上基準

◎注記表2（5）消費税などに相当する額の会計処理の方法

◎注記表2（6）その他B／S等の作成の基本となる重要な事項

◎注記表3会計方針の変更

◎注記表4表示方法の変更

◎注記表6誤謬の訂正

◎注記表9（1）事業年度末日における発行済株式の種類及び数

◎注記表9（2）事業年度末日における自己株式の種類及び数

◎注記表9（3）剰余金の配当

◎注記表9（4）新株予約権の目的となる株式の種類及び数

◎注記表18その他

◎割引手形・裏書手形があるときは注記表7（2）も記載

4-3 附属明細表の作成方法 ————————128

◎附属明細表とは

4-4 事業報告書（任意書式）の作成方法 ————————133

◎事業報告書とは

5章
個人事業の建設業財務諸表の作成方法

5-1 個人事業様式（第18、19号）特有の勘定科目 ————136

◎特有の勘定科目にはどんなものがあるか

5-2 55万円（電子申告の場合は65万円）控除の
青色申告を行なっている場合————————141
◎建設業財務諸表への誤記載に要注意

5-3 10万円控除の青色申告または白色申告の場合————144
◎白色申告の場合は「収支内訳書」
◎現金主義による場合の注意点

6章
経営事項審査を受ける場合の建設業財務諸表

6-1 経営事項審査用の建設業財務諸表作成のルール————148
◎経営事項審査とは
◎ルール①：経審用の建設業財務諸表は税抜で！
◎ルール②：当期分の税金は当期の建設業財務諸表に必ず載せる
◎ルール③：兼業事業売上原価報告書を作成する

6-2 経営状況分析（Y点）の8指標は平等ではない————164
◎経営状況分析の全体像
◎中小建設業者にとって重要な指標は？

6-3 純支払利息比率————————————————168
◎売上高に対して金利負担はどれだけあるか

6-4 負債回転期間————————————————171
◎負債総額は1か月平均売上高の何か月分あるか

6-5 総資本売上総利益率————————————————173
◎保有資産からどれだけの売上総利益をあげたか

6-6 同じ会社の経営状況分析を
複数の分析機関に出してみたら————————176

◎２つの分析機関の総資本売上総利益に差が出た

6-7 **売上高経常利益率**————————————180
◎経常利益は売上高に対してどれくらいか

6-8 **自己資本対固定資産比率**————————182
◎固定資産への投資は自己資本でどのくらいカバーできているか

6-9 **自己資本比率**————————————184
◎自己資本が資産全体に占める割合

6-10 **営業キャッシュフロー（営業ＣＦ）**——————186
◎本業で手元のお金はどれだけ増減したか

6-11 **利益剰余金**—————————————189
◎事業継続で利益はどれだけ積み重ねられたか

巻末資料 ···

● 建設業財務諸表を作成するためのチェックリスト33————192〜193
● 貸借対照表の勘定科目の翻訳一覧————————194〜200
● 損益計算書の勘定科目の翻訳一覧————————201〜204

おわりに　205

カバーデザイン◎水野敬一
本文ＤＴＰ＆図版＆イラスト◎伊藤加寿美（一企画）

1章

建設業財務諸表の
しくみと法的根拠

まず、建設業財務諸表の全体像をつかんでおきましょう。

1-1 建設業財務諸表と決算書は別モノ！

はじめに、本書をお読みいただくうえで、あらかじめ覚えておいていただきたいことを3つ紹介します。

言葉の定義が異なる

1つめは、言葉の定義についてです。私は、「決算書」と「建設業財務諸表」という言葉を意図的に使い分けています。言葉の定義を明らかにするのはとても大切なことなのですが、ついついおろそかにしてしまいがちです。

- **決算書**＝税金を計算する必要から、確定申告書に添付するために作成する計算書類
- **建設業財務諸表**＝建設業許可の申請や届出の際に使用する貸借対照表や損益計算書をはじめとした法定様式＋任意様式の事業報告書

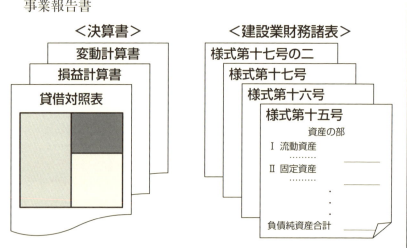

たとえば、お客様に「確定申告書を送ってください」とお願いすると、申告書の表紙1枚だけを送ってくる社長もいれば、申告書から勘定科目内訳書まで申告書類一式を送ってくる社長もいます。

ふだん何気なく使っている1つひとつの言葉の定義は、人によって異なります。これは日々業務に当たっていて、切に感じているところです。

そこで、本書を読み進めていただくうえで誤解が生じないように、そして正しい理解がスムーズに進むように、「決算書」と「建設業財務諸表」を前ページ図のように定義しておきたいと思います。

決算書には2種類ある

このように「決算書」とは、税務申告で税務署に提出する決算書をいいますが、これにも実は2種類あります。

この「決算書には2種類ある」というのが、覚えておいてほしいことの2つめです。

1つは、金融商品取引法（金商法）にもとづく有価証券報告書を作成している企業、あるいは公認会計士が監査を行なっている企業（主に上場企業）の決算書です。もう1つは、それ以外（主に非上場企業）の決算書で、主に税法上のルールに則って作成している決算書です。

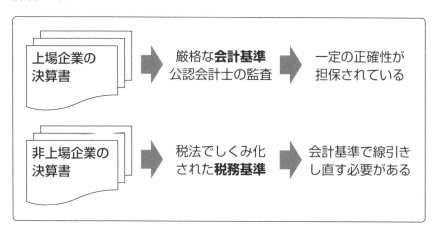

前者は、厳格な会計ルールや会計の専門家である公認会計士の監査を経ているため、会計基準に則って決算書の正確性がある程度担保されています。

　一方、後者は、公認会計士の監査を経ていないため、税務上は認められている会計処理であっても、会計基準に照らすと調整が必要になることもあります。企業の99％以上が中小企業なので、ほとんどの決算書は後者でつくられていることになります。

決算書を建設業財務諸表に"翻訳"する必要がある

　このように、決算書は必ずしも厳格な会計ルールに則って作成しているとは限らないため、決算書を建設業財務諸表に翻訳する必要があります。これが、覚えておいていただきたいことの3つめで、「建設業財務諸表を作成する作業は"翻訳"である」ということです。

　本書を読んでいくと一見、税理士の会計処理を否定したり、間違いを指摘しているように見えることがあるかもしれません。しかし、税務申告の決算書は、適正に処理されていること自体に疑いはありません。

　一方で、建設業財務諸表は建設業法令、建設業会計、企業会計原則等の会計ルールや経営事項審査のルールに則って作成する必要があります。要するに、「言語が違う」のです。

　たとえるなら、「いま、何時ですか？」と「What time is it now?」は同じ意味ですが、日本語と英語という言語の違いから単語も文法も異なるのと同じです。同じことを表現していても、言語が違えば見え方は違ってきます。

　翻訳には、単語をそのまま置き換える「直訳」もあれば、文脈や背景を理解して訳す「意訳」もあります。決算書を転記（直訳）するだけでも意味は通じるので、役所や経営状況分析機関は決算書を直訳した建設業財務諸表に対してなにも言いません。

　しかし実は、建設業法令、建設業会計、企業会計原則等の会計ルールや、経営事項審査のルールに則って意訳することで、より実態

に沿うものになることが多いのです。そして、それが建設業法に照らして正しかったり、経営事項審査で有利になったりするのなら、意訳を使わない手はありません。

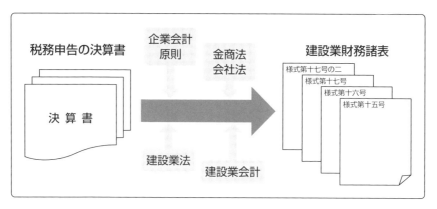

さらに、詳細は5章で説明しますが、公共工事の入札制度の基礎資料となる経営事項審査において、その基準がブレてしまうようでは、公正で公平な入札制度が期待できなくなってしまいます。そうならないように、一定の会計基準等にもとづいて決算書を線引きし直す必要があるわけです。

したがって、建設業者・行政書士は本書の内容を理解したうえで、税務だけではなくさまざまなルールを考慮して、決算書を建設業財務諸表に翻訳する必要があるのです。

1-2

なぜ転記ではダメなのか？

建設業財務諸表の法的根拠とは

　決算書を作成して都道府県庁や地方整備局等へ提出したところ、所定の様式で報告するように指導された経験がある方もいるのではないでしょうか。税理士に聞いても要領を得ないし、税理士がつくった資料ではどうしてダメなのだろう、なぜ受理してもらえないのだろうか？　という疑問をもたれたことと思います。そこで、建設業財務諸表の法的根拠について説明しておきます。

　建設業財務諸表の起源は、企業会計の憲法ともいえる「企業会計原則」が発表された昭和24年（1949年）に遡ります。企業会計原則は、その前文で次のように述べています。

> 　企業会計原則は、企業会計の実務の中に慣習として発達したもののなかから、一般に公正妥当と認められたところを要約したものであって、必ずしも法令によって強制されないでも、すべての企業がその会計を処理するに当って従わなければならない基準である。

　企業会計原則は法律ではないので、法的拘束力はなく、違反による罰則もありません。しかし、会社法や金融商品取引法では「一般に公正妥当と認められる企業会計の基準」に則って企業会計を行なうこととされており、企業会計原則がこれに該当するというのが一般的な理解です。

　企業会計原則が発表されたことを受けて、建設業会計において統一的なルールづくりが進み、「建設業財務諸表準則」と建設業財務諸表の「省令様式」がまとめられました。建設業を所管する国土交

通省は、建設業法施行規則のなかで財務諸表の様式とともにその記載要領を定めているのに加え、「建設業法施行規則別記様式第15号及び第16号の国土交通大臣の定める勘定科目の分類を定める件（昭和57年建設省告示1660号）」の告示によって、様式に記載される勘定科目を丁寧に定義づけしています。こうして企業会計原則は、いまも受け継がれているわけです。

　また、旧商法施行規則にあった計算規定が会社法施行規則に引き継がれていますが、その第118条には次の規定が設けられています。

（別記事業を営む会社の計算関係書類についての特例）
第118条　財務諸表等の用語、様式及び作成方法に関する規則（昭和38年大蔵省令第59号）別記に掲げる事業（以下この条において「別記事業」という。）を営む会社（企業集団を含む。以下この条において同じ。）が当該別記事業の所管官庁に提出する計算関係書類の用語、様式及び作成方法について、特に法令の定めがある場合又は当該別記事業の所管官庁がこの省令に準じて計算書類準則（以下この条において「準則」という。）を制定した場合には、当該別記事業を営む会社が作成すべき計算関係書類の用語、様式及び作成方法については、第一章から前章までの規定にかかわらず、その法令又は準則の定めによる。

　条文中にある規則（証券取引法（現・金融商品取引法）に由来する財務諸表等規則）の別記事業を見てみると、いの一番で「一　建設業」と書かれています。それだけ建設業会計が特殊だということでしょう。したがって、建設業者は、会社法施行規則よりも建設業法施行規則や勘定科目の告示、その背景にある企業会計原則に即して決算書を作成する必要があるのです。

　なお、建設業財務諸表にまつわる諸法令と改正等の履歴については『2024年改訂　建設業会計提要』（大成出版社）が詳細に記していますので、興味のある方は参照してください。

1-3

建設業財務諸表の全体像を理解しておこう

建設業財務諸表の構成はどうなっているか

まず、建設業財務諸表がどういった構成で成り立っているのかを確認しておきましょう。建設業財務諸表は、次の書類から成り立っています。

【法人の場合】
- 貸借対照表（様式第15号）
- 損益計算書及び完成工事原価報告書（様式第16号）
- 兼業事業売上原価報告書（様式第25号の12）
- 株主資本等変動計算書（様式第17号）
- 注記表（様式第17号の２）
- 附属明細表（様式第17号の３）
- 事業報告書（任意書式）

【個人の場合】
- 貸借対照表（様式第18号）
- 損益計算書（様式第19号）

建設業者に限ったことではありませんが、決算書にしても建設業財務諸表にしても、財務や会計の話には苦手意識を持っている方が多いです。

その原因の多くは、「１円単位でピッタリ合わせなきゃ」とか「これはどこの数字と一致しなきゃいけないのか…」といった細かいことを正確に把握することにばかり意識がいってしまうからです。

そこで、建設業財務諸表の全体像を把握するために、一連の様式をブロック図で表わしました（次ページ参照）。

いわゆる"決算書を読める"ことに越したことはありませんが、

まずは建設業財務諸表のつながりを理解することが会社の数字を把握するための第一歩です。

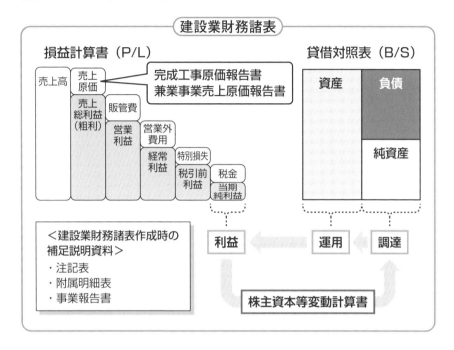

建設業財務諸表でメインとなるのは、「貸借対照表」と「損益計算書」と「株主資本等変動計算書」の3つの様式です。「完成工事原価報告書」と「兼業事業売上原価報告書」は損益計算書の一部を抜き出して、詳細に説明している様式ということができます。

また、「注記表」は建設業財務諸表を作成するうえで採用している会計ルールについての補足説明の様式、「附属明細表」は規模の大きな企業の資産や負債等についての補足説明の様式、「事業報告書」は建設業財務諸表に示された1年間の事業活動の総括といった位置づけです。

本章では、建設業財務諸表や決算書になじみのない方に向けて、貸借対照表と損益計算書のしくみを説明することで、2章以降の理解への橋渡しになればと考えています。

1-4

貸借対照表のしくみ

📄 年度末時点の財政状況を示している

　「貸借対照表」（Balance Sheet：Ｂ／Ｓ）は、年度末時点での会社の財政状況を示す書類です。

　税務申告の決算書では、貸借対照表は左図のように「勘定式」が一般的ですが、建設業財務諸表の貸借対照表は右図のように「報告式」と呼ばれる形になっています。

　報告式だと理解しづらいので、貸借対照表のブロック図は税務申告の決算書で一般的な「勘定式」の形で表わしています。

貸借対照表 （令和〇年3月31日現在）			
資産の部		負債の部	
流動資産	7,500	流動負債	3,500
現金	1,000	工事未払金	1,000
完成工事未収金	4,000	未成工事受入金	2,500
未成工事支出金	2,500	固定負債	500
固定資産	2,500	負債合計	4,000
車両運搬具	1,000	純資産の部	
工具器具	1,500	資本金	5,000
繰延資産	0	利益剰余金	1,000
		純資産合計	6,000
資産合計	10,000	負債・純資産合計	10,000

　勘定式の貸借対照表の右側には、どうやってお金を「調達」してきたかが記載されていますが、その調達方法は大きく2つに分かれています。上にあるのは「**負債**」で、下にあるのが「**純資産**」（自己資本）です。

　「負債」は他人から集めたお金（他人資本）で、これから返さな

22

ければならないお金です。さらに負債は、短期で返済する「**流動負債**」と長期で返済する「**固定負債**」で成り立っています。流動と固定の判断については、3章で改めて解説します。

一方、「純資産」は、自分で出資した・集めた**資本金**等と、いままでにあげた利益の積み重ね（**利益剰余金**）で成り立っていて、返す必要がないお金なので「自己資本」とも呼ばれます。

そして、貸借対照表の左側には、調達してきたお金をどのように「運用」しているのかが記載されています。たとえば、土木工事のために油圧ショベルを購入して「機械・運搬具」として運用して売上をあげたり、投資のために株式を購入して文字通り運用したりと、運用というと大げさに聞こえますが、会社として利益を得るために、集めてきたお金をどういう資産に変えているかが資産の部に記載されています。

また「資産」は、短期で利益回収につながる「**流動資産**」と、長期で利益回収につながる「**固定資産**」から成り立っています。負債と同様、流動と固定の判断については、3章で改めて解説します。

したがって、貸借対照表は、どうやってお金を調達し、どのようにそのお金をどのような形に変えて運用しているのかをまとめたものということができます。

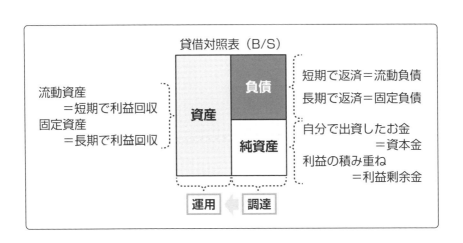

1-5 損益計算書のしくみ

会社の経営成績を示している

「損益計算書」（Profit and Loss statement：P／L）は、会社の経営成績を示す書類です。

お金を調達して、そのお金をさまざまな形に変えて運用したら、どれだけの収益があり、そのためにはどれだけの費用を要し、結果として利益がいくら残ったのかを表わしています。

一般的に、損益計算書は「報告式」で記載されているため、収益と費用が羅列してあるだけなので、なじみのない方にはとても見づらく頭に入りにくいのではないかと思います。そこで、損益計算書についてもわかりやすくブロック図にして、そのしくみを把握しましょう。

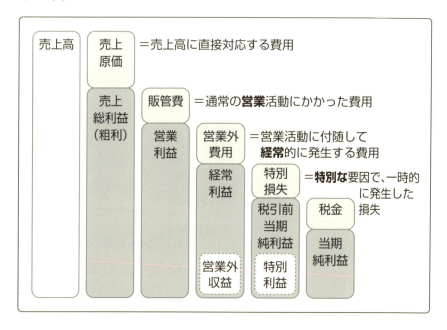

損益計算書のブロック図は、損益計算書を左に90度横倒しにした
ものだと思ってください。金額の大きさを縦の長さで表わし、図の
右にいくほど、さまざまな収益と費用を加算・減算していって、最
終的に税金を差し引いたものが損益計算書の最後に出てくる「当期
純利益」です。

　図を見るとわかりますが、損益計算書には「３つの収益」「５つ
の費用」、そして「５つの利益」が表示されています。

● **３つの収益**＝売上高、営業外収益、特別利益
● **５つの費用**＝売上原価、販売費及び一般管理費、営業外費用、特
　別損失、税金（法人税、住民税及び事業税）
● **５つの利益（損失）**＝売上総利益、営業利益、経常利益、税引前
　当期純利益、当期純利益（収益よりも費用が上回れば、売上総損
　失、営業損失、経常損失、税引前当期純損失、当期純損失になり、
　建設業財務諸表においては各利益のマイナス表示で表記します）

　損益計算書の勘定科目等についての詳細な説明は３章に譲ります
が、ここでは５つの利益について簡単に説明しておきましょう。

①**売上総利益**

　売上高から売上原価を引いたものを「売上総利益」といいます。
一般的には「**粗利**」（あらり）と呼ばれており、こちらのほうがな
じみのある呼び方かもしれません。ここが赤字になっている場合は、
ビジネスがそもそも成り立っていないといえるので、早急に対策が
必要です。

②**営業利益**

　①で求めた売上総利益から「**販売費及び一般管理費**」を引いたも
のが「営業利益」です。通常の営業活動で自社がどれだけ儲かった
のかを表わす利益です。ここが赤字になっている場合は、人件費や
広告宣伝費等の経費をかけすぎていてジリ貧状態なので、経費の見
直しが急務です。

③経常利益

②で求めた営業利益に、営業外収益をプラスし、営業外費用をマイナスしたものが「経常利益」です。本業の事業活動に付随して経常的に生じる収益と費用を加味して、事業全体でどれだけ儲かったのかを表わす利益です。ここが赤字になっている場合は、本業以外の事業がうまくいっていない可能性が考えられます。

④税引前当期純利益

③で求めた経常利益に、特別な要因で発生した一時的な収益と費用を加算・減算したものが「税引前当期純利益」です。読んで字のごとく税金を引く前の利益で、法人税、住民税及び事業税の計算のもとになる利益です。

⑤当期純利益

④で求めた税引前当期純利益から税金(法人税、住民税および事業税)を差し引いたものが「当期純利益」です。当期純利益は、配当等で外部に出なければ、そっくりそのまま次期の「繰越利益剰余金」になります。

本項では、損益計算書のしくみとそこに表示されている5つの利益を見てきましたが、それぞれの利益がどんな性質のものなのかは会社を経営していくうえで理解しておきたいところです。

また、文字と数字が羅列されている損益計算書だとなかなか頭に入ってこないかもしれませんが、ブロック図で見える化することで理解が早まりますので、参考にしてみてください。

なお、経営事項審査を受けるようになると、ブロック図がより活きてきます。財務改善のための活用方法や一歩踏み込んだ経営状況分析(Y点)の理解については、私の著書『中小建設業者のための「公共工事」受注の最強ガイド』(アニモ出版)で解説していますので、そちらもお読みいただければ幸いです。

貸借対照表の作成方法

一般にバランスシートと呼ばれる様式の勘定科目を見ていきましょう。

2-1

貸借対照表（様式第15号）の勘定科目

貸借対照表にはどんな勘定科目があるか

　2章からは、建設業財務諸表の各様式について、勘定科目を中心に解説していきます。

　細かい説明に入る前に、建設業財務諸表を作成するにあたり、全体を通して基本的かつ大切なことを2つお伝えします。

　1つめは、建設業財務諸表は千円単位（大会社は百万円単位でも可）で作成することです。千円未満の端数処理で悩む方がいますが、四捨五入ではなく千円未満は切り捨てでかまいません。そのため、建設業財務諸表の各科目を足した数字と各合計が見た目上はズレますが、まったく問題ありません。

　2つめは、各勘定科目についての正確な定義については、国土交通省の告示「建設業法施行規則別記様式第15号及び第16号の国土交通大臣の定める勘定科目の分類を定める件」（昭和57年建設省告示1660号）を参照することです。この告示を見ずに建設業財務諸表を作成するのは、大変危険です。

　それでは、貸借対照表について見ていきましょう。次ページ以下は、貸借対照表のサンプルです。

　なお、この貸借対照表は、建設業法施行規則の別記「様式第十五号（第四条、第十条、第十九条の四関係）」で確認することができます。これと同じものは東京都などのホームページにも掲載されていますので、そちらで確認することも可能です。

28

様式第十五号（第四条、第十条、第十九条の四関係）

貸 借 対 照 表

令和　〇年　3月　31日　現在

（会社名）株式会社　アニモ建設

千円

資　産　の　部

I　流　動　資　産		
現金預金		627,565
受取手形		368,525
完成工事未収入金		211,354
売掛金(兼業)		397,983
有価証券		
未成工事支出金		270,765
材料貯蔵品		4,616
短期貸付金		
前払費用		
未収消費税		
未収還付法人税等		
前渡金(兼業)		145,796
その他		842
貸倒引当金	△	
流動資産合計	①	2,027,449
II　固　定　資　産		
(1)　有形固定資産		
建物・構築物	2,738	
減価償却累計額	△ 838	1,899
機械・運搬具		
減価償却累計額	△	
工具器具・備品	1,280	
減価償却累計額	△ 834	445
土地		
リース資産		
減価償却累計額	△	
建設仮勘定		
その他		
減価償却累計額	△	
有形固定資産合計	②	2,345
(2)　無形固定資産		

(1)

千円

特許権 ....
借地権 ....
のれん ....
リース資産 ....
その他 17,926
無形固定資産合計 ③ 17,926
(3) 投資その他の資産
投資有価証券 ....
関係会社株式・関係会社出資金 ....
長期貸付金 ....
破産更生債権等 ....
長期前払費用 ....
繰延税金資産 ....
その他 2,829
貸倒引当金 △ ....
投資その他の資産合計 ④ 2,829
固定資産合計 ②+③+④=⑤ 23,101
Ⅲ 繰 延 資 産
創立費 ....
開業費 ....
株式交付費 ....
社債発行費 ....
開発費 ....
繰延資産合計 ⑥ ....
資産合計 ①+⑤+⑥=⑦ 2,050,551

負　債　の　部

Ⅰ 流　動　負　債
支払手形 558,489
工事未払金 164,314
買掛金(兼業) 88,477
短期借入金 ....
リース債務 ....
未払金 7,877
未払消費税 7,648
未払費用 3,135
未払法人税等 90,285
未成工事受入金 301,003
預り金 9,344
前受収益 ....
賞与引当金 19,854
＿＿＿引当金 ....
前受金(兼業) 162,079
その他 ....
流動負債合計 ⑧ 1,412,508

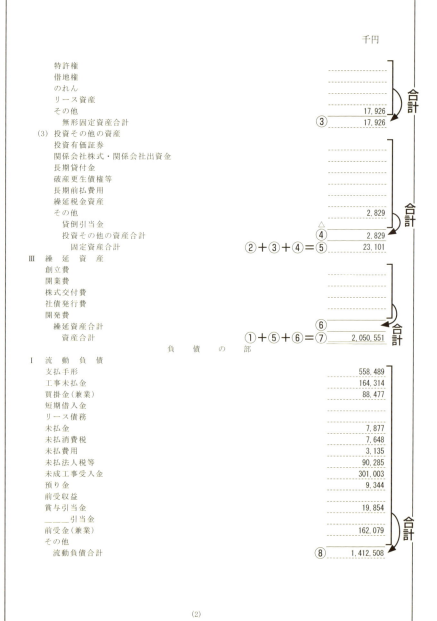

(2)

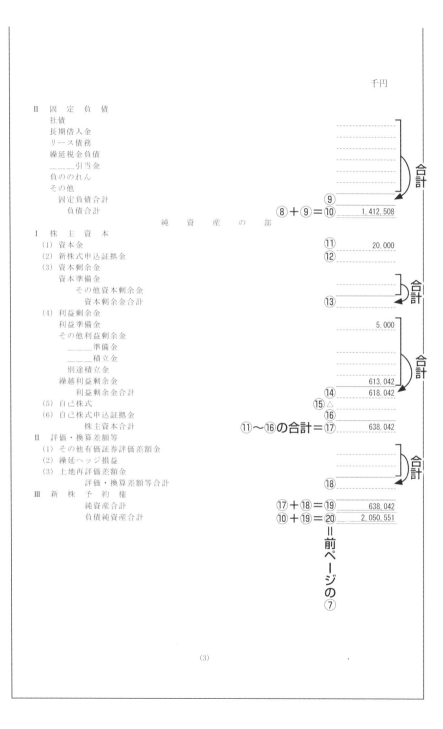

【資産の部】
＜Ｉ　流動資産＞

```
                          資　産　の　部
Ｉ　流　動　資　産
    現金預金                                            627,565
    受取手形                                            368,525
    完成工事未収入金                                    211,354
    売掛金（兼業）                                      397,983
    有価証券                                         ----------
    未成工事支出金                                      270,765
    材料貯蔵品                                             4,616
    短期貸付金                                         ----------
    前払費用                                          ----------
    未収消費税                                         ----------
    未収還付法人税等                                   ----------
    前渡金（兼業）                                      145,796
    その他                                                  842
        貸倒引当金                                  △ ----------
        流動資産合計                                    2,027,449
```

●現金預金

　現金とは、現金の他に、小切手、送金為替手形、郵便為替証書、振替貯金払出証書および期限の到来した公社債の利札等をいいます。また、預金および金銭債権で、決算期後１年以内に現金化できると認められるものも含まれます。ただし、当初の履行期が１年を超えるもの（定期預金など）については、固定資産の「(3) 投資その他の資産」に記載することになります。

　なお、当座預金を利用している場合の当座借越の額は、ここにマイナス表示をするのではなく、流動負債の「短期借入金」に振り替えます。

　（決算書の表示例＝現金、普通預金、当座預金、定期預金、積立預金、小切手）

●受取手形

　営業取引によって発生した手形債権および電子記録債権（５％ルール（☞64ページ）にあてはまらない場合）を記載します。ただし、

割引や裏書譲渡した受取手形および電子記録債権の金額は控除し、「注記表7（2）」（☞127ページ）に記載します。

また、破産債権、更生債権等で決算期後1年以内に弁済を受けられないことが明らかなものは、固定資産の「(3) 投資その他の資産」に記載します。

（決算書の表示例＝受取手形、電子記録債権、でんさい）

● 完成工事未収入金

完成工事未収入金は、建設業における特徴的な科目の1つです。損益計算書の完成工事高に計上した工事代金に係る未収金額を記載し、兼業事業の売掛金やその他の未収入金と区別して記載します。

ただし、受取手形と同様、破産債権、更生債権等で決算期後1年以内に弁済を受けられないことが明らかなものは、固定資産の「(3) 投資その他の資産」に記載します。

また、令和4年（2022年）3月の建設業法施行規則の改正で、新収益認識基準（工事進行基準）の登場により「契約資産」という表示科目が使われるようになりましたが、工事に係るものは「完成工事未収入金」として記載します。

（決算書の表示例＝完成工事未収入金、売掛金、未収入金）

● 有価証券

時価の変動により利益を得ることを目的として保有する有価証券（売買目的有価証券）および決算期後1年以内に満期の到来する有価証券です。

利息の受取りを目的として満期まで所有する意図をもって1年を超えて保有する有価証券（満期保有目的債券）や、他社との業務提携や株式の相互持合いなどを目的として保有する有価証券は、固定資産の「(3) 投資その他の資産」に記載することになります。

（決算書の表示例＝有価証券、売買目的有価証券、親会社株式、1年以内満期到来有価証券）

● 未成工事支出金

　未成工事支出金は、建設業における特徴的な科目の1つです。期末時点で完了していない工事のために支出した工事費を記載します。

　新収益認識基準（工事進行基準）や部分完成基準（出来高基準）を採用している場合は、当期の売上に計上した部分以外の工事費を記載することになります。

　建設業会計においては、工事原価は発生した段階で費用とするのではなく、その工事分が売上に計上されるまで未成工事支出金として経理処理し、売上が確定したときに完成工事原価に振り替えます。

　（決算書の表示例＝未成工事支出金、前渡金、仕掛工事、仕掛品、棚卸資産）

● 材料貯蔵品

　手持ちの工事用材料および消耗工具器具等（固定資産として計上しなければならないものを除く）ならびに事務用消耗品等のうち未成工事支出金または完成工事原価または販売費及び一般管理費として処理されなかったものを記載します。

　（決算書の表示例＝原材料、貯蔵品、仮設材料、（工事に係る）商品、（工事に係る）製品）

● 短期貸付金

　役員や従業員、関連会社等に対しての貸付金で、文字通り短期（決算期後1年以内）に回収されると認められるものを記載します。ただし、回収期間が1年を超えるものや回収が長期化しているものは、固定資産の「(3) 投資その他の資産（長期貸付金）」に記載します。

　（決算書の表示例＝短期貸付金、従業員貸付金）

● 前払費用

　未経過保険料、未経過支払利息、前払賃借料等の費用の前払いで決算期後1年以内に費用となるものを記載します。ただし、当初1

年を超えた後に費用となるものとして支出されたものは、固定資産の「(3) 投資その他の資産（長期前払費用）」に記載することができます。

（決算書の表示例＝前払費用、前払保険料、前払賃貸料）

● その他

完成工事未収入金以外の未収入金や、営業外受取手形、その他決算期後1年以内に現金化できると認められるもので、他の流動資産科目に属さないものを、「その他」として一括して記載することができます。もちろん、決算書の各表示科目をそのまま個別に記載してもかまいません。

ただし、営業取引以外の取引によって生じたものについては、当初の履行期が1年を超え、または超えると認められたものは、固定資産の「(3) 投資その他の資産」に記載します。

なお、私見ですが、兼業事業に係る売掛金は「売掛金（兼業分）」として明示しておくと、工事分と兼業分をきちんと区別できていることが一目瞭然なのでオススメです。

（決算書の表示例＝売掛金（兼業事業に係るもの）、商品・製品（兼業事業に係るもの）、仕掛品（兼業事業に係るもの）、販売用不動産、前渡金（兼業事業に係るもの）、ＪＶ出資金、立替金、未収入金、仮払金、仮払税金（156ページに記載のとおり内容に注意）、預け金、未収収益、未収消費税、未収還付法人税等、工事保証金、営業外受取手形等）

● 貸倒引当金

これまで説明してきた流動資産に属する各債権に対する貸倒見込額を一括して記載します。

貸倒引当金は、会社計算規則第78条において「資産に対する控除項目として」表示することが規定されているため、最近はあまり見なくなりましたが、貸倒引当金が流動負債として決算書に表示され

ている場合は、流動負債から貸倒引当金を削除し、流動資産にマイナス表示して振り替える必要があります。

（決算書の表示例＝貸倒引当金）

＜Ⅱ　固定資産＞
（1）有形固定資産

```
 Ⅱ  固  定  資  産
  (1) 有形固定資産
     建物・構築物                              2,738
       減価償却累計額              △        838              1,899
     機械・運搬具
       減価償却累計額              △
     工具器具・備品                            1,280
       減価償却累計額              △        834               445
     土地
     リース資産
       減価償却累計額              △
     建設仮勘定
     その他
       減価償却累計額              △
     有形固定資産合計                                          2,345
```


● 建物・構築物

　事業の用に供し、または事業の用に供することを目的として保有する建物および土地に定着する土木設備または工作物を記載します。

　（決算書の表示例＝建物、建物付帯設備、構築物、造作、倉庫、工作物）

● 機械・運搬具

　自走式・定置式にかかわらず、すべての機械および装置や自動車、その他陸上運搬具等を記載します。

　（決算書の表示例＝機械、車両運搬具、航空機、船舶）

● 工具器具・備品

　各種工具・器具の他、移動性仮設建物（プレハブやトレーラーハ

ウス）や金属製の足場等の仮設材料、什器備品を記載します。

（決算書の表示例＝工具、器具、什器備品）

● 土地

自社所有の土地の取得価額を記載します。土地は時間が経過してもその上にどんな建物を建てたとしても、土地そのものの価値は使用によって変化するものではないため、減価償却の対象とはなりません。

そのため、他の有形固定資産は、取得価額と減価償却累計額と期末の残存価額を記載する形になっていますが、土地だけは取得価額だけを記載することになっています。

（決算書の表示例＝土地）

● リース資産

ファイナンス・リース取引におけるリース物件（有形固定資産）の借主である資産を記載します。

● 建設仮勘定

自社ビルや工場等の有形固定資産の建設中に支払われた費用を記載します。

● その他

上記の勘定科目に属さない有形固定資産を記載します。

実務上は、取得価額が10万円以上20万円未満の減価償却資産（一括償却資産）や、中小企業者等における取得価額が30万円未満である減価償却資産（少額減価償却資産）をまとめて記載していることが多いです。

（決算書の表示例＝絵画、美術品、一括償却資産、少額償却資産）

37

(2) 無形固定資産

(2) 無形固定資産	
特許権	--------------------
借地権	--------------------
のれん	--------------------
リース資産	--------------------
その他	17,926
無形固定資産合計	17,926

●特許権

有償取得または有償で創設した特許権の額を記載します。

有償取得の場合は「買入対価＋手続き費用」、有償（自社）創設の場合は「試験研究費＋出願料＋手数料等」が含まれます。

特許権と似た性質のものとして商標権や実用新案権等がありますが、それらは「その他」として記載します。

（決算書の表示例＝特許権）

●借地権

自社所有の建物等の敷地として他人所有の土地を使用する場合に支払う土地の賃借権（地上権を含む）に対する額を記載します。

（決算書の表示例＝借地権）

●のれん

合併、事業譲渡等により取得した事業の取得原価が、取得した資産および引き受けた負債に配分された純額を上回る場合の超過額を記載します。

ほぼ同じ意味の科目として、平成18年の会社法施行以前は「営業権」も使われていましたが、現在は会計上の勘定科目として営業権が使われることはありません。

（決算書の表示例＝のれん、営業権）

●リース資産

前述の有形固定資産で出てきた「リース資産」の無形固定資産バージョンです。ファイナンス・リース取引におけるリース物件（無形固定資産）の借主である資産を記載します。

（決算書の表示例＝リース資産）

●その他

上記の勘定科目に属さない無形固定資産を記載します。

前述の商標権や実用新案権、水道や電気ガス供給等の施設利用権等もありますが、実務上は電話加入権やソフトウェアといった科目を見ることが多いです。

（決算書の表示例＝電話加入権、施設利用権、実用新案権、権利金、ソフトウェア、ノウハウ）

(3) 投資その他の資産

(3) 投資その他の資産	
投資有価証券	
関係会社株式・関係会社出資金	
長期貸付金	
破産更生債権等	
長期前払費用	
繰延税金資産	
その他	2,829
貸倒引当金	△
投資その他の資産合計	2,829
固定資産合計	23,101

●投資有価証券

流動資産の「有価証券」で触れましたが、利息の受取りを目的として満期まで所有する意図をもって1年を超えて保有する有価証券（満期保有目的債券）や、他社との業務提携や株式の相互持合いなどを目的として保有する有価証券を記載します。

ただし、関係会社株式に属するものは除きます。

（決算書の表示例＝株式、満期保有目的有価証券）

●関係会社株式・関係会社出資金

会社計算規則（平成18年法務省令第13号）第2条第3項第23号に定める関係会社の株式と、それに対する出資金を記載します。

（決算書の表示例＝関係会社株式、関係会社出資金、子会社株式、子会社出資金）

●長期貸付金

流動資産に記載された短期貸付金以外の貸付金を記載します。

決算書では「短期貸付金」と記載されていても、内訳書や実態として、回収期間が1年を超えるものや回収が長期化しているものは、長期貸付金に振り替えて記載します。

（決算書の表示例＝長期貸付金、従業員貸付金）

●破産更生債権等

営業取引（完成工事未収入金、受取手形等）によって生じた債権および貸付金や立替金等のその他の債権のうち、破産債権、再生債権、更生債権その他これらに準ずる債権で、決算期後1年以内に弁済を受けられないことが明らかなものを記載します。

（決算書の表示例＝破産債権、更生債権、破産更生債権）

●長期前払費用

未経過保険料、未経過支払利息、前払賃借料等の費用の前払いで、流動資産に記載された前払費用以外のものを記載します。

（決算書の表示例＝長期前払費用、前払年金費用、リサイクル預託金）

●繰延税金資産

税効果会計の適用により、法人税等の前払いを資産として記載します。

税効果会計とは、主に上場企業で用いられる会計手法で、会計上

の収益・費用と税務上の益金・損金の認識時点が異なる場合に、法人税等の税金を適切に期間配分することにより、税引前当期純利益と税金費用を合理的に対応させるための会計処理のことをいいます。

以前は流動資産にも「繰延税金資産」の科目がありましたが、令和4年3月の建設業法施行規則改正により、「投資その他の資産」のなかに一本化されました。

（決算書の表示例＝繰延税金資産）

● その他

出資金や1年を超える債権、税務上の繰延資産等、上記の勘定科目に属さない投資その他の資産を、「その他」として一括して記載することができます。

もちろん、決算書の各表示科目をそのまま個別に記載してもかまいません。

実務上は、組合や信用金庫等への出資金、貯蓄性がある生命保険や損害保険の保険積立金、ゴルフ会員権やリゾート会員権が多く見られます。

（決算書の表示例＝出資金、貸付信託、投資信託、投資不動産、保険積立金、敷金・礼金、保証金、長期不渡手形、長期売掛金、繰延消費税、ゴルフ会員権、リゾート会員権）

● 貸倒引当金

「（3）投資その他の資産」に属する各債権に対する貸倒見込額を一括して記載します。

長期貸付金、長期未収入金、破産更生債権等が計上されているにもかかわらず、本科目が未計上の場合には、流動資産の貸倒引当金に合算されている可能性があります。確定申告書の別表11「貸倒引当金の損金算入に関する明細書」で貸倒引当金の中身を確認してください。

＜Ⅲ　繰延資産＞

```
Ⅲ　繰　延　資　産
　　創立費　　　　　　　　　　　　　　　　　　 --------------
　　開業費　　　　　　　　　　　　　　　　　　 --------------
　　株式交付費　　　　　　　　　　　　　　　　 --------------
　　社債発行費　　　　　　　　　　　　　　　　 --------------
　　開発費　　　　　　　　　　　　　　　　　　 --------------
　　　繰延資産合計
　　　資産合計　　　　　　　　　　　　　　　　  2,050,551
```

　建設業財務諸表では「繰延資産」の分類に記載できるのは会計上の繰延資産に限定されており５つしかありません。決算書に「繰延資産」と記載されているときは、内容を確認して、５つ以外の場合には前記「(3) 投資その他の資産」に振り替える必要があります。

●創立費

　創立費は、定款作成の認証費用や設立登記の登録免許税等の設立費用、行政書士や司法書士に依頼したときの報酬、事務所の契約費用等、会社設立のために支出した費用です。

●開業費

　開業費は、事務所の家賃や広告費や備品購入等、会社を設立したあと実際に事業を開始するまでに支出した開業準備のための費用です。

●株式交付費

　株式交付費は、株式募集のための広告費や金融機関の取扱手数料等、新株発行や自己株式の処分に直接かかった費用です。

●社債発行費

　社債発行費は、社債募集のための広告費や金融機関の取扱手数料等、社債発行に直接かかった費用です。

●開発費

　開発費は、新技術の開発や新市場の開拓等のためにかかった費用です。ただし、毎年発生するような経常費用の性格をもつものは除きます。

　（決算書の表示例＝開発費、研究費、試験研究費）

【負債の部】

＜Ⅰ　流動負債＞

負　債　の　部	
Ⅰ　流　動　負　債	
支　払　手　形	558,489
工　事　未　払　金	164,314
買　掛　金（兼業）	88,477
短　期　借　入　金	
リ　ー　ス　債　務	
未　払　金	7,877
未　払　消　費　税	7,648
未　払　費　用	3,135
未　払　法　人　税　等	90,285
未　成　工　事　受　入　金	301,003
預　り　金	9,344
前　受　収　益	
賞　与　引　当　金	19,854
＿＿＿＿＿引　当　金	
前　受　金（兼業）	162,079
そ　の　他	
流　動　負　債　合　計	1,412,508

●支払手形

　原材料の購入や外注費の支払い等、営業取引によって発生した手形債務および電子記録債務（5％ルール（☞64ページ）にあてはまらない場合）を記載します。

　（決算書の表示例＝支払手形、電子記録債務）

●工事未払金

　工事未払金は、建設業における特徴的な科目の1つです。工事原価に算入されている外注費や材料費等の未払額を記載します。

（決算書の表示例＝工事未払金、未払金、買掛金）

●短期借入金

　文字通り短期（決算期後1年以内）に返済するものと認められる借入金（金融手形を含む）を記載します。

　ただし、返済期間が1年を超えるものや返済が長期化しているものは、「Ⅱ　固定負債（長期借入金）」に記載します。

　（決算書の表示例＝短期借入金、役員借入金、手形借入金、一年以内返済長期借入金）

●リース債務

　ファイナンス・リース取引におけるもので、決算期後1年以内に支払われると認められるものを記載します。

　（決算書の表示例＝リース債務）

●未払金

　固定資産購入代金の未払金、未払配当金およびその他の未払金で、決算期後1年以内に支払われると認められるものを記載します。

　なお、決算書で前述の工事未払金と合算されていることがあり、その場合は区別が必要です。

　（決算書の表示例＝未払金、未払配当金）

●未払費用

　未払給料手当、未払利息等、一定の契約にもとづき継続的な役務の提供を受ける場合に、提供された役務に対して未払いとなっているものを記載します。

　（決算書の表示例＝未払給料手当、未払利息）

●未払法人税等

　当期利益に対する法人税、住民税及び事業税の未払額を記載しま

す。

　経営事項審査用に建設業財務諸表を作成する際に、決算書で未払法人税等が計上されていない場合には、151ページの処理に従って未払法人税等を計上し直す必要があります。

　（決算書の表示例＝未払法人税等、納税充当金、納税引当金）

●未成工事受入金

　未成工事受入金は、建設業における特徴的な科目の1つです。引渡しを完了していない工事についての請求代金の受入額のことで、工事に関する前受金を記載します。

　また、令和4年3月の建設業法施行規則改正により、新収益認識基準（工事進行基準）の登場により「契約負債」という表示科目が使われるようになりましたが、工事に係るものは「未成工事受入金」として記載します。

　（決算書の表示例＝未成工事受入金、前受金）

●預り金

　営業取引・営業外取引を問わず発生した預り金で、決算期後1年以内に返済されるもの、または返済されると認められるものを記載します。

　（決算書の表示例＝預り金、所得税預り金、従業員預り金、社会保険料預り金、住民税預り金）

●前受収益

　前受利息や前受賃貸料等、継続的なサービス提供の契約にもとづいて受け取った代金で、サービスの提供自体は次期以降になるものを記載します。

　なお、前述の「前受金」は単発的な商品やサービスの提供に対する代金の前受けであり、継続性の有無という点で前受収益とは違いがあります。

45

（決算書の表示例＝前受収益、前受利息、前受賃借料、前受家賃）

● ・・・引当金

修繕引当金、完成工事補償引当金、工事損失引当金等の負債性引当金のうち、債務の発生が1年以内の短期的なものを記載します。記載する際には、引当金の名称を明示することが必要です。

なお、前述したように、貸倒引当金が流動負債として決算書に表示されている場合は、流動負債から貸倒引当金を削除し、流動資産にマイナス表示で振り替える必要があります。

（決算書の表示例＝修繕引当金、完成工事補償引当金、工事損失引当金、役員賞与引当金）

● その他

営業外支払手形その他決算期後1年以内に支払いまたは返済されると認められるもので、他の流動負債科目に属さないものを、「その他」として一括して記載することができます。

もちろん、決算書の各表示科目をそのまま個別に記載してもかまいません。

なお、私見ですが、流動資産の「その他」と同様、兼業事業に係る買掛金は「買掛金（兼業分）」として明示しておくと、工事分と兼業分をきちんと区別できていることが一目瞭然なのでオススメです。

また、149ページで後述しますが、経営事項審査を受ける場合には「未払消費税」を明示するようにしてください。

（決算書の表示例＝買掛金（兼業事業に係るもの）、前受金（兼業事業に係るもの）、仮受金、営業外支払手形、預り保証金）

＜Ⅱ　固定負債＞

```
Ⅱ　固　定　負　債
　　社債
　　長期借入金                                    -----------
　　リース債務                                    -----------
　　繰延税金負債                                  -----------
　　____引当金                                    -----------
　　負ののれん
　　その他                                        -----------
　　　固定負債合計                                -----------
　　　負債合計                                      1,412,508
```

●社債

　会社法（平成18年法律第86号）第2条第23号に規定される社債のうち、償還期限が決算期後1年を超えて到来するもの、または到来すると認められるものを記載します。

　なお、償還期限が1年以内に到来するものは、「一年以内償還社債」または「その他」として流動負債に記載します。

　（決算書の表示例＝社債）

●長期借入金

　流動負債に記載された短期借入金以外の借入金を記載します。

　決算書では「短期借入金」と記載されていても、勘定科目内訳書等で確認して、返済期間が1年を超えるものや、実態として返済が長期化しているものは、長期借入金に振り替えて記載します。

　（決算書の表示例＝長期借入金、証書借入、役員借入金）

●リース債務

　ファイナンス・リース取引におけるもので、流動負債に属するもの以外のものを記載します。

　（決算書の表示例＝リース債務、長期リース債務）

● 繰延税金負債

税効果会計（40ページの「繰延税金資産」の項を参照）の適用により、法人税等の未払いの税金相当額を負債として記載します。

ただし、ただ「繰延税金資産」を計上するケースは多々ありますが、「繰延税金負債」を計上するケースは限られているため、実務上登場する機会はあまり多くありません。

以前は、流動負債にも「繰延税金負債」の科目がありましたが、令和4年3月の建設業法施行規則改正により、「固定資産」のなかに一本化されました。

（決算書の表示例＝繰延税金負債）

● ・・・引当金

退職給付引当金のように、1年以上先の長期的な支出を見込んだ引当金として認められるものを記載します。

流動負債の引当金と同様、記載する際には引当金の名称を明示することが必要です。

（決算書の表示例＝退職給付引当金、役員退職慰労引当金）

● 負ののれん

合併、事業譲渡等により取得した事業の取得原価が、取得した資産および引き受けた負債に配分された純額を下回る場合の不足額を記載します。

ただし、平成22年（2010年）4月以降に生じた「負ののれん」は、原則として特別利益で処理することになりました。したがって、ここに記載されるのはそれ以前に計上した「負ののれん」の未償却残高であり、新たに計上されることは基本的にありません。

（決算書の表示例＝負ののれん）

● その他

長期未払金等、支払期間が1年を超える負債で、他の固定負債科

目に属さないものを記載します。

（決算書の表示例＝長期未払金、長期前受金、長期預り金、資産除去債務）

【純資産の部】
＜Ⅰ　株主資本＞

```
                          純  資  産  の  部
 Ⅰ  株 主 資 本
  (1) 資本金                                          20,000
  (2) 新株式申込証拠金
  (3) 資本剰余金
      資本準備金
         その他資本剰余金
         資本剰余金合計
  (4) 利益剰余金
      利益準備金                                        5,000
      その他利益剰余金
      _____準備金
      _____積立金
      別途積立金
      繰越利益剰余金                                   613,042
         利益剰余金合計                                618,042
  (5) 自己株式                              △
  (6) 自己株式申込証拠金
         株主資本合計                                  638,042
```

（1）資本金

期末時点における資本金額を記載します。

資本金は、設立または株式の発行に際して払込みまたは給付を受けた財産に加え、資本準備金や利益剰余金から振り替えた資金の合計です。

（2）新株式申込証拠金

新株式申込証拠金は、新たに株式を発行する際にその株式を取得する者が新株式の対価（払込期日を迎えると資本金となる）を支払ったが、決算期末時点では払込期日を迎えていないため、当該新株式の対価を資本金とは区別して記載します。

(3) 資本剰余金

●資本準備金

資本準備金は、会社が将来に備えるために積み立てる資金で、会社が株式を発行した際に、株主が払い込んだ新株式の対価のうち資本金に組み入れなかった資金や、その他資本剰余金から組み入れることで計上されます。

なお、資本金の2分の1を超えない額まで計上することができます。

●その他資本剰余金

資本剰余金のうち、資本金および資本準備金の取崩しによって生ずる剰余金や自己株式の処分差益など、資本準備金以外のものを記載します。

(4) 利益剰余金

●利益準備金

株主に対して配当を行なう際に、会社法第445条第4項により義務づけられている準備金のことで、配当により減少する剰余金の額の10%を資本準備金または利益準備金として計上することとされています。

●その他利益剰余金

▶・・・準備金、・・・積立金

株主総会または取締役会の決議により、会社が任意に設定する準備金や積立金を記載します。

準備金や積立金がある場合には、決算書の表示科目をそのまま記載して差し支えありません。

(決算書の表示例＝別途積立金、固定資産圧縮積立金)

▶繰越利益剰余金

利益剰余金のうち、利益準備金および・・・準備金（積立金）以外のものを記載します。

過去から継続して積み重ねてきた未分配の利益ということができます。

(5) 自己株式

会社が所有する自社の発行済株式を記載します。

かつては、自己株式の保有は原則として禁止されていましたが、平成３年の商法改正により解禁され、現在は無制限かつ無期限の保有が認められるようになりました。ただし、１日に注文できる数量や値段等は制限されています。

(6) 自己株式申込証拠金

申込期日から払込期日の前日までに、自己株式の処分の対価相当額を受領したが、いまだ自己株式の処分の認識が行なわれていない金銭の額を記載します。

＜Ⅱ　評価・換算差額等＞

```
Ⅱ　評価・換算差額等
　(1)　その他有価証券評価差額金
　(2)　繰延ヘッジ損益                          ------------------
　(3)　土地再評価差額金                        ------------------
　　　　評価・換算差額等合計                    ------------------
                                              ------------------
```

(1) その他有価証券評価差額金

「売買目的有価証券」「責任準備金対応債券」「満期保有目的の債券」「子会社・関連会社株式」のいずれにも分類されない「その他有価証券」について、時価により評価替えすることにより生じた評価損益から税効果相当額を控除した残額を記載します。

その他有価証券評価差額金がプラスの場合は、手持ちの有価証券

に含み益が発生していることを意味し、マイナスの場合は、手持ちの有価証券に含み損が発生していることを意味します。

(2) 繰越ヘッジ損益

繰延ヘッジ処理が適用される先物取引やオプション取引等のデリバティブ取引は、期末で時価評価を行なうことになっているため、その取得価額と時価評価の差額を翌期以降に繰り延べるときに記載します。

(3) 土地再評価差額金

土地の再評価に関する法律（平成10年法律第34号）にもとづいて一定の要件の下で、事業用の土地の価格を再評価し、その評価益（または評価損）を計上することを認めたものです。

なお、平成14年3月末まで適用されていましたが、現在は適用されていないため、新たに計上されることはありません。

＜Ⅲ　新株予約権＞

Ⅲ　新　株　予　約　権	
純資産合計	638,042
負債純資産合計	2,050,551

株式会社に対して行使することにより、当該株式会社の株式の交付を受けることができる権利（会社法第2条第21号）から同法第255条第1項に定める自己新株予約権の額を控除した残額を記載します。

2-2

貸借対照表の作成ルール①
ワンイヤールール（１年基準）

📄 ワンイヤールール（１年基準）とは

　前項で貸借対照表に登場する勘定科目について把握できたので、ここからは貸借対照表を作成する際に押さえておきたいルールを４つ紹介していきます。

　まず紹介するのは、「**ワンイヤールール**」（**１年基準**）と呼ばれるルールです。「ワンイヤールール」は、貸借対照表の資産や負債を流動資産・流動負債と固定資産・固定負債に分類する基準のひとつで、その根拠となる企業会計原則注解（注16）には、次のように規定されています。

> 　貸付金、借入金、差入保証金、受入保証金、当該企業の主目的以外の取引によって発生した未収金、未払金等の債権及び債務で、貸借対照表日の翌日から起算して１年以内に入金又は支払の期限が到来するものは、流動資産又は流動負債に属するものとし、入金又は支払の期限が１年をこえて到来するものは、投資その他の資産又は固定負債に属するものとする。

　ワンイヤールールはご存じの方も多いかもしれませんが、返済や支払い、回収見込みの時期が１年以内にやってくるか否かで判断し、１年以内のものを「流動」、１年を超える長期のものは「固定」と区別します。

　わかりやすい例では、借入金の場合、次年度中に返済が終わるものは「短期借入金」（流動負債）、設備投資のための借入れなどで返済に数年かかるものは「長期借入金」（固定負債）に区別します。

　なお、長期借入金のうち、次年度１年間に返済するべき分は「１

年以内返済長期借入金」として流動負債になります。

役員借入金のワンイヤールール

　決算書でこのワンイヤールールが徹底されていればよいのですが、その区別は意外とアバウトです。その最たるものが「**役員借入金**」です。建設業者に限らず、中小企業では社長やその親族が会社にお金を貸している（会社から見れば借りている）ことや、社長の給料を未払いのままにしていることがけっこう多いのです。

　そこで、手元に決算書と勘定科目明細書を用意して確認してほしいのですが、役員借入金が短期借入金（流動負債）に入っていませんか？　あるいは、ずっと未払いになっている社長の役員報酬が流動負債の未払金や未払費用になっていませんか？

　すでに長期化してしまっているこれらの負債を流動負債として計上し続けるのは、ワンイヤールールからするとおかしいのです。しかし、税務申告の決算書においては、残念ながらこの基準が反映されていないことが多いのです。

　「いつでも返せるから短期でよい」「使用しているソフトの仕様上、

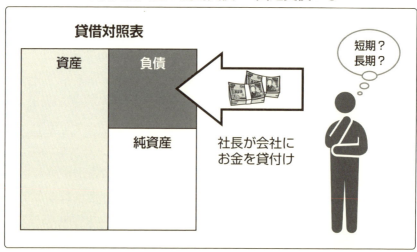

◎役員借入金は流動負債？　固定負債？◎

役員借入金という科目は短期にしかないから」といった意見も見受けられ、会計基準が考慮されていないことがままあります。究極的には、借入金が長期であろうが短期であろうが、「税金は変わらない」ので、税務上はどちらでもよいというのが正直なところだと思います。

　税理士の仕事を否定するわけではありませんが、決算書を見せることになるステークホルダーが複数いるなかで、金融機関や株主、取引先と同様に"行政"の優先度を上げてもらえると、建設業者はとても助かるはずです。

2-3

決算書の勘定科目を疑おう！

特定建設業の場合の流動比率に要注意

　前項で説明したワンイヤールールの知識は、実務上は経営事項審査を受けるときや、特定建設業許可を取得・更新したいときに生きてきます。

　建設業許可には「**一般建設業**」と「**特定建設業**」があり、一般建設業では施主から直接請け負った工事において外注費が4,500万円（建築一式工事は7,000万円）までに制限されていますが、特定建設業ではその外注費の制限はなくなります。そのため、一般建設業よりも大きな金額の元請工事の受注が可能になります。

　特定建設業の許可は、大きな工事ができるようになるので、一般建設業より許可の要件も厳しくなっています。そのなかでも大事なのが「財産要件」で、許可申請時の直前の決算において次の4つの要件をすべて満たす必要があります。

---

①資　本　金 ≧ 2,000万円
②純　資　産 ≧ 4,000万円
③欠損比率 ≦ 20％
④流動比率 ≧ 75％

　それぞれの詳細については、各行政庁の手引き等で確認いただくとして、このなかで気をつけたいのは④の「流動比率」です。流動比率は、次の計算式で計算します。

$$流動比率＝\frac{流動資産}{流動負債}×100$$

56

流動比率は、企業の支払い能力を示す指標の１つとされています。申請時の直前の決算において、この流動比率が75％を下回ると特定建設業の許可が取得できない（更新できない）ことになるのですが、これに泣かされた建設業者を何度も見てきました。

流動比率をクリアしていないと更新できない？

　しかし、実はそのなかには救えるケースもあったのです。
　具体的な事例として、下の貸借対照表を見てください。この貸借対照表で、特定建設業許可の更新ができるでしょうか？

貸借対照表（令和○年３月31日現在）			（単位：千円）
資産の部		**負債の部**	
流動資産	10,000	流動負債	18,000
現金預金	3,300	工事未払金	5,000
受取手形	500	短期借入金	10,000
完成工事未収入金	6,000	未払法人税等	500
有価証券	0	未払消費税	2,500
未成工事支出金	200	固定負債	0
短期貸付金	0	長期借入金	0
固定資産	50,000	**負債合計**	18,000
有形固定資産	45,000	**純資産の部**	
無形固定資産	0	資本金	20,000
投資その他の資産	5,000	利益剰余金	22,000
長期貸付金	5,000	繰越利益剰余金	22,000
繰延資産	0	純資産合計	42,000
資産合計	60,000	**負債・純資産合計**	60,000

　さっそく、特定建設業許可の財産要件を確認していきましょう。

①資本金	20,000千円	→	ＯＫ
②純資産	42,000千円	→	ＯＫ
③欠損比率	繰越利益があるためＯＫ		
④流動比率	10,000／18,000＝55.55％	→	ＮＧ！

　あれっ？　④のせいで更新できない!?

　特定建設業許可の財産要件に当てはめてみると、流動比率以外はクリアしているものの、流動比率の要件を満たさないため、この貸借対照表では特定建設業許可の更新ができないようです。しかし、果たして本当にそうでしょうか？

　ここで、前述したように、手元の決算書と勘定科目明細書を確認してみます。

　すると、ずっと返済されていない社長からの役員借入金5,000千円が短期借入金として計上されていることが判明しました。返済実績もなく１年以内に返済見込みもないとのことなので、ワンイヤールールを適用して、短期借入金のうち5,000千円を長期借入金に振り替えました。振り替えた後の貸借対照表は次ページのようになります。

　すると、流動比率は「10,000千円／13,000千円＝76.92％」となり、要件である75％以上を見事にクリアしました。これなら特定建設業許可の更新ができますね！

　また、貸借対照表の固定資産には、「長期貸付金5,000千円」があります。

　たとえば、これがワンイヤールールに照らして短期貸付金とすべき性質のものだったとしたら、長期貸付金から短期貸付金に全額を振り替えて、流動比率は「15,000千円／18,000千円＝83.33％」となり、これでも特定建設業許可の更新が可能になります。

貸借対照表（令和○年３月31日現在）		（単位：千円）		
資産の部		**負債の部**		
流動資産	10,000	流動負債	18,000 →	13,000
現金預金	3,300	工事未払金		5,000
受取手形	500	短期借入金	10,000 →	5,000
完成工事未収入金	6,000	未払法人税等		500
有価証券	0	未払消費税		2,500
未成工事支出金	200	固定負債	0 →	5,000
短期貸付金	0	長期借入金	0 →	5,000
固定資産	50,000	**負債合計**		18,000
有形固定資産	45,000	**純資産の部**		
無形固定資産	0	資本金		20,000
投資その他の資産	5,000	利益剰余金		22,000
長期貸付金	5,000	繰越利益剰余金		22,000
繰延資産	0	純資産合計		42,000
資産合計	60,000	**負債・純資産合計**		60,000

　このように、税務申告の決算書を会計基準に照らしてさらに精査することで、建設業許可や経営事項審査で会社に有利に働くこともあるのです。

　日ごろから決算書の各勘定科目が本当に短期・長期なのか、ワンイヤールールに照らして確認するクセをつけておきましょう。

2-4

貸借対照表の作成ルール②
正常営業循環基準

📄 正常営業循環基準とは

　ワンイヤールールは、1年以内に期限が到来するか否かで判断するという明確な基準なので、すべてこれで区分できれば楽なのですが、実はこれよりも優先する大前提があります。それが「**正常営業循環基準**」です。

　「正常営業循環基準」は、貸借対照表の資産や負債を流動資産・流動負債と固定資産・固定負債に分類するもう1つの基準で、その根拠となる企業会計原則注解（注16）には、次のように規定されています。

> 「受取手形、売掛金、前払金、支払手形、買掛金、前受金等の当該企業の主目的たる営業取引により発生した債権及び債務は、流動資産又は流動負債に属するものとする」
> 「商品、製品、半製品、原材料、仕掛品等のたな卸資産は、流動資産に属する」

　漢字が8文字並ぶとなんとなく難しそうですが、実はその内容は文字で見たままで、正常な営業のサイクル（循環）で発生する資産と負債については、どれだけ長期化していたとしても流動資産・流動負債として考えます、というルール（基準）です。

　建設業における正常な営業のサイクルは、一般的には次ページ図のようになります。現金を持って営業を開始して、工事を受注します。元請か下請か、金額の大小、工期の長さ等にもよりますが、前金（着手金）をもらうこともあります。もともとの現金あるいは受け取った前金を元手にして材料を仕入れます。

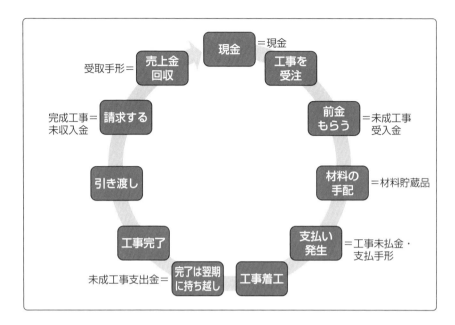

　材料を仕入れれば、当然に支払いが発生します。その場で払うこともあるでしょうし、掛けで購入することもあるでしょう。準備が整ったら、工事を着工します。決算までに工事が終わって請求までできれば売上になり、そこまでに要した費用は工事原価として計上します。逆に、決算までに工事が終わらず、工事の完了が翌期に持ち越しとなることもあります。その場合は、そこまでに要した費用は未成工事支出金となります。

　さて、工事が完了したら物件を引き渡して残金を請求し、最後はそれをきちんと回収します。きちんと売上代金を回収することまでが仕事です。

　ただし、会社によっては多少異なるかもしれません。下請だと前金をもらわないことも多いでしょうし、材料は元請業者から支給ということもあるでしょう。貴社の実態に合わせて理解いただければと思いますが、一般的には上図のようなサイクル（循環）で回っています。

　したがって、このサイクル（循環）に乗っかってくる資産や負債

は、正常営業循環基準という大原則に則って、必ず流動資産・流動負債に計上します。

　たとえば、工事をしていて地中から文化財や不発弾が発掘されたり、不幸にも現場で死亡事故があったり、近隣とトラブルになってしまったりして、工事が一時中断することがあります。中断が短い期間であれば問題ないのですが、時には半年、1年と長期化することもあります。この長期化している間に決算を迎えた場合、それまでに受け取ったお金（未成工事受入金）やそれまでに支払ったお金（未成工事支出金）は長期化してしまうわけですが、これらは通常どおり営業していれば当然に発生するものなので正常営業循環基準が適用され、工事がどれだけ長期化したとしても流動資産として計上し続けることになります。

　また、たとえば、工事が完了してお客様（元請業者）に代金を請求したけれどいつまで経っても支払ってくれない、ということもあると思います。1年経っても払ってもらえず意を決して取り立てると、一部だけ支払って、「必ずちゃんと払うからもう少し待ってほしい」などといわれることがありませんか？　つまり、「売上金回収」がなかなかできずにいる状態です。

　この場合に、これも長期化しているからワンイヤールールにもとづき固定資産になるかというと、やはりそうはなりません。工事の売掛金は「完成工事未収入金」と呼びますが、これは通常どおり営業していれば当然に発生するものなので、どれだけ長い期間、回収できなくても完成工事未収入金として**流動資産に計上し続けます**。

　ちなみに、相手方が倒産したり、民事再生になったりすると、正常な営業循環とはいえないので、破産債権・更生債権として固定資産（投資その他の資産）に振り替えることになります（☞33、40ページ）。

📄 正常営業循環基準とワンイヤールールを使う順番

　このように資産と負債について、流動か固定かを区別する方法は、

ワンイヤールールと正常営業循環基準の2つがあります。

これらを検討する順番としては、まず正常営業循環基準に該当するか否かを判断し、正常営業循環基準に該当しない場合はワンイヤールール（1年基準）で流動か固定かを判断します（下図参照）。

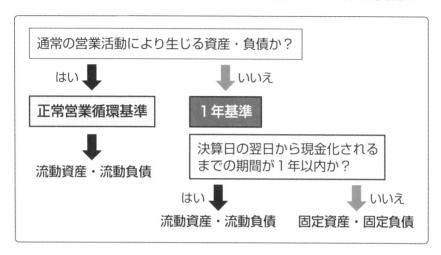

中小建設業者の建設業財務諸表を拝見すると、「あぁ、これは決算書を転記しただけだなぁ」とか「原則の基準が理解されていないなぁ」というものを目にします。建設業者自身であればしかたがない部分もあると思いますが、行政書士が理解していないケースも多く、とても残念でなりません。私見ではありますが、ワンイヤールールは知られていても、正常営業循環基準は意外と知られていないという印象です。

しかし、これらの基準をきちんと理解して、「流動」と「固定」を自社に有利になるように組み合わせていくことで、特定建設業許可を維持するうえで役立てたり、経審で有利になるように決算を組むことができるといったメリットを享受することができます。これを機に、自社の決算書を振り返ってみてください。

2-5

貸借対照表の作成ルール③
貸借対照表の５％ルール

📄 記載要領にもとづいて記載する

　最近は行政庁の手引書が充実していて、申請書類の記載方法や記載例が丁寧に記載されています。申請者側にとってはとてもありがたいのですが、建設業法をはじめとした関連諸法令を読まずに記載がすんでしまうというのが怖いところです。

　その最たるものが各様式の「**記載要領**」で、これを読まずに書類を作成している行政書士や建設業者がけっこう多いことに驚きを隠せません。

　建設業許可にかかる申請や届出の各様式は、建設業法施行規則で定められています。そして、各様式には必ず「記載要領」がセットで規定されているので、この記載要領にもとづいて書類を作成する必要があります。これは、建設業財務諸表についても例外ではありません。

　そこで、貸借対照表（様式第15号）の記載要領を見てみると、次のように書かれています。

6　建設業以外の事業を併せて営む場合においては、当該事業の営業取引に係る資産についてその内容を示す適当な科目をもって記載すること。ただし、当該資産の金額が資産の総額の100分の５以下のものについては、同一の性格の科目に含めて記載することができる。

7　流動資産の「有価証券」又は「その他」に属する親会社株式の金額が資産の総額の100分の５を超えるときは、「親会社株式」の科目をもって記載すること。投資その他の資産の「関係会社株式・関係会社出資金」に属する親会社株式について

64

も同様に、投資その他の資産に「親会社株式」の科目をもって記載すること。

8　流動資産、有形固定資産、無形固定資産又は投資その他の資産の「その他」に属する資産でその金額が資産の総額の100分の5を超えるものについては、当該資産を明示する科目をもって記載すること。

9　記載要領6及び8は、負債の部の記載に準用する。

10　「材料貯蔵品」、「短期貸付金」、「前払費用」、「特許権」、「借地権」及び「のれん」は、その金額が資産の総額の100分の5以下であるときは、それぞれ流動資産の「その他」、無形固定資産の「その他」に含めて記載することができる。

11　記載要領10は、「未払金」、「未払費用」、「預り金」、「前受収益」及び「負ののれん」の表示に準用する。

　少し読みづらいかもしれませんが、要するに、貸借対照表において各科目の金額が総資産の5％を超える場合は、「その他」等の科目にまとめずに個別に明示することを求めているのです。これを「**貸借対照表の5％ルール**」といいます。

2-6 貸借対照表の作成ルール④
固定資産の記載のルール

建設業財務諸表の記載のしかたとは

　決算書における有形固定資産および減価償却累計額の表示方法は、会社計算規則第79条に定めがあり、「科目別間接控除法」「一括間接控除法」「直接法」の３つのうちいずれかによることとされています。

①科目別間接控除法

　各有形固定資産の項目ごとに取得価額を記載し、その控除科目として項目ごとに減価償却累計額を記載する方法

②一括間接控除法

　各有形固定資産の項目ごとに取得価額を記載し、減価償却累計額は有形固定資産全体に対する控除項目として一括して記載する方法

③直接法

　各有形固定資産の項目ごとに、取得価額から減価償却累計額を控除した残存価額（期末簿価）のみを記載する方法

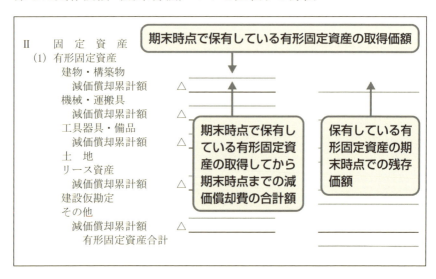

この点、建設業財務諸表における有形固定資産の記載方法は、前ページ下図のとおり、①科目別間接控除法で記載することになっています。

科目別間接控除法によらない場合の注意点

建設業財務諸表を作成する際に、決算書の記載が①科目別間接控除法であればよいのですが、②一括間接控除法や③直接法で記載している場合には、ひと手間確認が必要になります。

一括間接控除法では、有形固定資産全体の減価償却累計額しか記載されないため、また直接法では、各有形固定資産の期末簿価のみが記載されるため、下図の記載例のように、有形固定資産の項目ごとの減価償却累計額は決算書を見ただけではわかりません。

【直接法】	
有形固定資産	18,000
建物	10,000
車両運搬具	5,000
工具器具備品	3,000

【一括間接控除法】	
有形固定資産	18,000
建物	25,000
車両運搬具	10,000
工具器具備品	5,000
減価償却累計額	△22,000

→有形固定資産ごとの減価償却累計額がわからないため、申告書の別表16、固定資産台帳、減価償却明細書等で確認が必要

しかし、建設業財務諸表は記載要領14により科目別間接控除法で記載することになっているので、科目ごとの減価償却累計額を確認する必要があります。

具体的には、法人税確定申告書の別表16、固定資産台帳、減価償

却明細書等で確認します。ここでは、別表16（実際には別表十六（一））の見方を確認しておくと、下図のようになります。

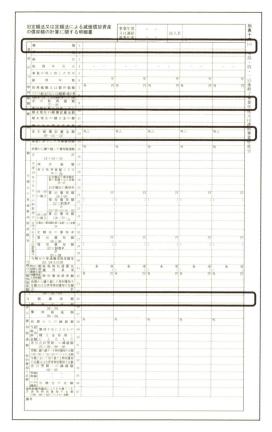

【別表16(1)、(2)の確認ポイント】

「1　種類」欄
固定資産の種類が記載されます。

「9　差引取得価額」欄
期末時点で保有している固定資産の取得価額。

「13　差引帳簿記載金額」欄
期末時点で保有している固定資産の期末時点の簿価の残存価額。

「35（(2)では39）当期償却額」欄
経審を受ける際に当期減価償却実施額を計算する際にはここを見ます。

なお、法人税申告書の別表16は、経営事項審査を受ける場合には読めるようになっておいたほうがよいので、見るべきポイントがどこなのかをきちんと押さえておきましょう。

損益計算書および
完成工事原価報告書の作成方法

上記様式の勘定科目を見ていきましょう。

3-1

損益計算書（様式第16号）の勘定科目

📄 損益計算書にはどんな勘定科目があるか

　3章では、損益計算書の勘定科目について見ていきます。

損益計算書のサンプルは以下のとおりです。

様式第十六号（第四条、第十条、第十九条の四関係）

損　益　計　算　書

自　令和　●年　4月　　1日
至　令和　○年　3月　31日

（会社名）株式会社　アニモ建設

千円

Ⅰ　売　上　高		
完成工事高	Ⓐ 1,976,018	合計 → ① 3,039,128
兼業事業売上高	ⓐ 1,063,110	
Ⅱ　売　上　原　価		
完成工事原価	Ⓑ 1,630,470	合計 → ② 2,508,416
兼業事業売上原価	ⓑ 877,945	
売上総利益（売上総損失）		
完成工事総利益（完成工事総損失）	Ⓐ−Ⓑ 345,547	合計 → ③ 530,711
兼業事業総利益（兼業事業総損失）	ⓐ−ⓑ 185,164	‖ ① − ②
Ⅲ　販売費及び一般管理費		
役員報酬	7,320	
従業員給料手当	93,681	
退職金	3,231	
法定福利費	15,095	
福利厚生費	3,580	
修繕維持費	3,919	
事務用品費	15,668	
通信交通費	18,764	
動力用水光熱費	3,534	
調査研究費	1,367	
広告宣伝費	5,683	
貸倒引当金繰入額		
貸倒損失		

(4)

70

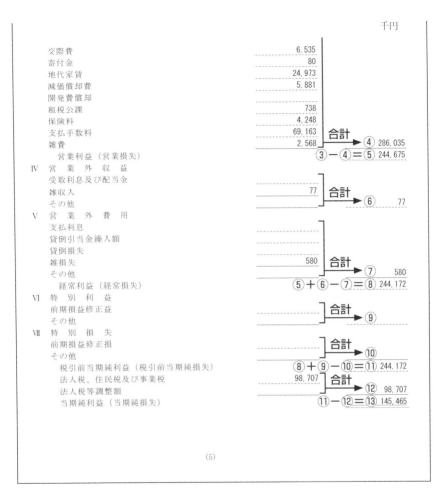

＜Ⅰ　売上高＞

Ⅰ	売 上 高		
	完成工事高	1,976,018	
	兼業事業売上高	1,063,110	3,039,128
Ⅱ	売 上 原 価		
	完成工事原価	1,630,470	
	兼業事業売上原価	877,945	2,508,416
	売上総利益（売上総損失）		
	完成工事総利益（完成工事総損失）	345,547	
	兼業事業総利益（兼業事業総損失）	185,164	530,711

●完成工事高

工事完成基準により当期に完成した工事について売上計上した金額と、新収益認識基準（工事進行基準）により当期中の出来高相当額として収益認識した金額を記載します。なお、いわゆる人工（人夫）出しは、「建設工事の完成を請け負う」とはいえないため、完成工事高ではなく、兼業事業売上高になります。

ここに記載した金額は、「直前3年の各事業年度における工事施工金額」（様式第3号）の直前決算の合計欄の金額と一致します。

●兼業事業売上高

建設業以外の事業による売上高を記載します。

＜Ⅱ　売上原価＞
●完成工事原価

Ⅰで完成工事高として計上した売上に対応する工事原価を記載します。補足資料である「完成工事原価報告書」の「完成工事原価」と一致します。なお、「完成工事原価報告書」ついては、83ページ以降で詳述します。

企業会計原則に定めのある収益費用対応の原則により、同一の会計期間において収益と費用を一致させる必要があります。関連している収益と費用は同時に計上しなければならないという会計上の考

え方です。費用は支払ったときに計上するのではなく、収益と同時に計上しなければなりません。

● 兼業事業売上原価

Ⅰで兼業事業売上高として計上した売上に対応する兼業事業の原価を記載します。補足資料である「兼業事業売上原価報告書」の「兼業事業売上原価」と一致します。

ただし、この様式は経営状況分析を受ける際に必要になります。経営事項審査を受けない場合には、作成する必要はありません。

● 売上総利益（売上総損失）

完成工事総利益と兼業事業総利益に分けて記載します。「完成工事総利益＝完成工事高－完成工事原価」で、「兼業事業総利益＝兼業事業売上高－兼業事業売上原価」で、それぞれ計算します。

＜Ⅲ　販売費及び一般管理費＞

Ⅲ 販売費及び一般管理費		
役員報酬	7,320	
従業員給料手当	93,681	
退職金	3,231	
法定福利費	15,095	
福利厚生費	3,580	
修繕維持費	3,919	
事務用品費	15,668	
通信交通費	18,764	
動力用水光熱費	3,534	
調査研究費	1,367	
広告宣伝費	5,683	
貸倒引当金繰入額		
貸倒損失		
交際費	6,535	
寄付金	80	
地代家賃	24,973	
減価償却費	5,881	
開発費償却		
租税公課	738	
保険料	4,248	
支払手数料	69,163	
雑費	2,568	286,035
営業利益（営業損失）		244,675

73

●役員報酬

取締役、執行役、会計参与または監査役に対する報酬（役員賞与や役員賞与引当金繰入額を含む）を記載します。

（決算書の表示例＝役員報酬、役員賞与、役員賞与引当金）

●従業員給料手当

管理部門・間接部門の業務に従事している従業員等に対する給料、諸手当および賞与（賞与引当金を含む）を記載します。建設業財務諸表においては人件費が4つ登場するのですが、その分類方法については4章で説明します。

（決算書の表示例＝給料手当、雑給、賞与、従業員賞与、賞与引当金繰入）

●退職金

役員および従業員に対する退職金、退職給与引当金および退職年金掛金を記載します。

（決算書の表示例＝退職金、退職引当金繰入額、退職年金掛金、中退共掛金、建退共証紙購入費）

●法定福利費

役員および管理部門・間接部門の業務に従事している従業員に対する健康保険、厚生年金保険、雇用保険および労災保険等の保険料の事業主負担額を記載します。

（決算書の表示例＝法定福利費、福利費）

●福利厚生費

慰安娯楽、貸与被服、医療、慶弔見舞等の福利厚生に要する費用を記載します。

（決算書の表示例＝福利厚生費、福利費）

●修繕維持費

建物、車両、機械や装置等の修繕維持費等を記載します。

（決算書の表示例＝修繕費、修繕維持費）

●事務用品費

事務用消耗品費、固定資産に計上しない事務用什器備品費、新聞や参考図書等の購入費を記載します。

（決算書の表示例＝事務用品費、事務用消耗品費、事務用備品費、新聞図書費）

●通信交通費

通信費、交通費および旅費を記載します。車両のガソリン代も交通費に含めて差し支えありません。

（決算書の表示例＝通信費、交通費、旅費）

●動力用水光熱費

電気・ガス・水道料金といった費用を記載します。

（決算書の表示例＝動力用水光熱費、水道代、電気代、ガス代）

●調査研究費

技術研究、技術開発等の費用のほか、調査に関する費用を記載します。

（決算書の表示例＝調査研究費、調査費、研究費）

●広告宣伝費

通常の広告・宣伝のほか、広告や宣伝を目的として支払った費用を記載します。

（決算書の表示例＝広告宣伝費、広告費、宣伝費）

●貸倒引当金繰入額

営業取引にもとづいて発生した受取手形、完成工事未収入金等の債権（営業債権）に対する貸倒引当金繰入額を記載します。

貸倒引当金の計上方法には、決算のたびに前期に計上した貸倒引当金を取り崩して当期分を全額計上しなおす「洗替法」と、前期と当期の貸倒引当金の差額のみを計上する「差額補充法」の2つがあります。

後者の差額補充法を採用していて、前期の貸倒引当金よりも今期の額のほうが少ない場合には、決算書の「貸倒引当金繰入額」はマイナス表示されますが、原則として建設業財務諸表においては費用のマイナス表示を認めていません。

そのため、建設業財務諸表においては、「貸倒引当金戻入額」として営業外収益に振り替えることになります。

（決算書の表示例＝貸倒引当金繰入額）

●貸倒損失

営業取引にもとづいて発生した受取手形、完成工事未収入金等の債権（営業債権）に対する貸倒損失を記載します。

（決算書の表示例＝貸倒損失）

●交際費

得意先や士業等の接待費、慶弔費およびお中元やお歳暮等の贈答品代等を記載します。

（決算書の表示例＝接待交際費、交際費、接待費、慶弔費）

●寄付金

国や地方公共団体への寄付（震災などの義援金を含む）、社会福祉法人や公益社団法人等への寄付等で、原則として金銭で支出したものを記載します。

寄付金は見返りを求めない支出であるのに対し、直接的にでも間

接的にでも将来的な利益につなげるための支出は交際費に計上します。

（決算書の表示例＝寄付金）

● 地代家賃

事務所、寮、社宅などの地代および借地料を記載します。ただし、工事で使用される現場事務所、倉庫、資材置場に関する地代家賃は工事原価の経費に記載します。

（決算書の表示例＝賃借料、借地料、地代、家賃）

● 減価償却費

管理部門・間接部門に属する固定資産についての減価償却実施額を記載します。ただし、工事で使用される機械や車両についての減価償却費は工事原価の経費に記載します。

（決算書の表示例＝減価償却費）

● 開発費償却

貸借対照表の「繰延資産」に計上した「開発費」の償却額を記載します。

（決算書の表示例＝開発費償却、試験費償却）

● 租税公課

事業所税、消費税、不動産取得税、固定資産税、自動車税、収入印紙代等の租税および道路占用料等の公課を記載します。

（決算書の表示例＝租税公課、消費税）

● 保険料

傷害保険、火災保険、第三者賠償保険や盗難保険等の損害保険料を記載します。

（決算書の表示例＝保険料、支払保険料、損害保険料、倒産防止

共済掛金）

●雑費

　社内外の打合せや会議の費用、組合等の諸団体会費、荷造運賃等、他の販売費及び一般管理費の科目に属さない費用を「雑費」として一括して記載することができます。もちろん、決算書の各表示科目をそのまま個別に記載してもかまいません。

　後述しますが、73ページの損益計算書の記載例では、支払手数料の金額が販売費及び一般管理費の額の10％を超えているため、雑費から抜き出して明示しています。詳細については103ページで説明します。

　（決算書の表示例＝支払手数料、諸会費、会議費、研修費、リース料、消耗品費、管理費、顧問料、支払報酬、運賃、車両費、燃料費、廃棄物処理費、委託管理費、人材派遣料、雑費）

＜Ⅳ　営業外収益＞

Ⅳ　営 業 外 収 益		
受取利息及び配当金	--------------	
雑収入	77	
その他	————————	--------- 77

●受取利息及び配当金

　金融機関の預金利息および貸付金等に対する受取利息と、公社債等の有価証券利息と、保有している株式の配当金（投資信託収益分配金、みなし配当を含む）をまとめて記載します。

　（決算書の表示例＝受取利息、受取配当金、有価証券利息、貸付金利息、認定利息）

●その他

　売買目的株式や公社債等の売却による有価証券売却益や本業以外

で家賃収入がある場合の受取家賃等、受取利息および配当金以外の営業外収益を記載します。

（決算書の表示例＝有価証券売却益、受取家賃、雑収入）

＜Ⅴ　営業外費用＞

Ⅴ　営　業　外　費　用		
支払利息	--------------------	
貸倒引当金繰入額	--------------------	
貸倒損失	--------------------	
雑損失	580	
その他	--------------------	580
経常利益（経常損失）		244,172

●支払利息

金融機関等からの借入金に対する利息のほか、社債および新株予約権付社債の支払利息を記載します。

（決算書の表示例＝支払利息、社債利息、社債発行差金償却）

●貸倒引当金繰入額

営業取引以外の取引にもとづいて発生した貸付金等の債権に対する貸倒引当金繰入額を記載します。営業取引にもとづくものは販売費及び一般管理費に含め、営業取引以外の取引にもとづくものが営業外費用に該当します。

（決算書の表示例＝貸倒引当金繰入額）

●貸倒損失

営業取引以外の取引にもとづいて発生した貸付金等の債権に対する貸倒損失を記載します。営業取引にもとづくものは販売費及び一般管理費に含め、営業取引以外の取引にもとづくものが営業外費用に該当します。

（決算書の表示例＝貸倒損失）

● その他

支払利息、貸倒引当金繰入額および貸倒損失以外の営業外費用で、開発費以外の繰延資産の償却額や売買目的の株式、公社債等の売却による損失のほか、手形売却損や雑損失を記載します。

（決算書の表示例＝創立費償却、開業費償却、株式交付費償却、社債発行費償却、有価証券売却損、有価証券評価損、手形売却損、雑損失）

＜Ⅵ　特別利益＞

```
Ⅵ　特　別　利　益
　　前期損益修正益                    ------------------
　　その他                 _____        ------------------
```

● 前期損益修正益

前期以前に計上された損益の修正による利益を記載します。ただし、金額が重要でないもの、または毎期経常的に発生するものは、営業外収益に含めることもできます。

（決算書の表示例＝前期損益修正益）

● その他

固定資産売却益、投資有価証券売却益、財産受贈益等、特別な要因で臨時に発生した利益を記載します。ただし、金額が重要でないもの、または毎期経常的に発生するものは、営業外収益に含めることもできます。

（決算書の表示例＝固定資産売却益、投資有価証券売却益、資産受贈益、貸倒引当金戻入）

＜Ⅶ　特別損失＞

Ⅶ　特　別　損　失		
前期損益修正損		
その他		
税引前当期純利益（税引前当期純損失）		244,172
法人税、住民税及び事業税	98,707	
法人税等調整額		98,707
当期純利益（当期純損失）		145,465

●前期損益修正損

　前期以前に計上された損益の修正による損失を記載します。ただし、金額が重要でないもの、または毎期経常的に発生するものは、営業外費用に含めることもできます。

　（決算書の表示例＝前期損益修正損）

●その他

　固定資産売却損・除却損、投資有価証券売却損、災害損失等、特別な要因で臨時に発生した損失を記載します。ただし、金額が重要でないもの、または毎期経常的に発生するものは、営業外費用に含めることもできます。

　（決算書の表示例＝固定資産売却損・除却損、投資有価証券売却損、固定資産圧縮記帳損、減損損失、災害損失、損害賠償金、役員退職金）

●法人税、住民税及び事業税

　当該事業年度の税引前当期純利益に対する法人税等（法人税、住民税および事業税）の額を記載します。

　当期の決算が赤字（当期純利益がマイナス）であっても、住民税の均等割額は発生するため、必ず記載することになります（詳細については151ページ参照）。

　（決算書の表示例＝法人税・住民税、事業税、追徴税額、還付金、

過年度法人税）

● **法人税等調整額**

　税効果会計の適用により税法上の課税所得から計算される法人税
等の額と、会計上の利益から計算される法人税等の額との間に生じ
た期間的な差異を調整した額が記載されます。

　（決算書の表示例＝法人税等調整額）

3-2 完成工事原価報告書（様式第16号）の勘定科目

完成工事原価報告書にはどんな勘定科目があるか

損益計算書につづいて「完成工事原価報告書」の勘定科目を見ていきましょう。完成工事原価報告書のサンプルは以下のとおりです。

＜Ⅰ 材料費＞

工事のために直接購入した素材、半製品、製品、材料貯蔵品勘定等から振り替えられた材料費を記載します。
（決算書の表示例＝材料費、仮設材料消耗品費）

＜Ⅱ 労務費＞

工事に従事した直接雇用の作業員（直庸労務者）に対する賃金、給料および手当等を記載します。一般的に、日雇や日給月給で働い

ている作業員・技能者の人件費が労務費と考えてよいでしょう。

　また、工種・工程別等の工事の完成を約する契約でその大部分が労務費であるものを「うち労務外注費」として内書きすることになっていますが、現実的には外注費と労務外注費を区別している建設業者はあまりいません。

　（決算書の表示例＝労務費、賃金、雑給、労務外注費）

＜Ⅲ　外注費＞

　工種・工程別等の工事について素材、半製品、製品等を作業とともに提供し、これを完成することを約する契約（下請契約）にもとづく支払額を記載します。ただし、労務費に含めたものを除きます。

　（決算書の表示例＝外注費、加工費）

＜Ⅳ　経費＞

　完成工事について発生し、または負担すべき材料費、労務費および外注費以外の費用で、交通費や設計費のように個別工事ごとに計算されるものと、完成工事補償引当金繰入額等のように共通原価として一括計上されるものがあります。

　また、工事に従事する正社員等に対する給料手当、賞与および賞与引当金、法定福利費ならびに福利厚生費等を「うち人件費」として内書きすることになっています。

　（決算書の表示例＝動力用水光熱費、機械等経費、減価償却費、設計費、租税公課、地代家賃、保険料、修繕費、事務用品費、通信費、旅費交通費、交際費、賃借料、借地料、家賃、地代家賃、残土処理費、産廃処理費、現場経費、従業員給料手当、従業員賞与、退職金、法定福利費、福利厚生費）

84

3-3

人件費をどう分けるのかの問題を
スッキリ解決！

📄 人件費の勘定科目は数種類ある

　損益計算書と完成工事原価報告書に登場する勘定科目について把握できたので、ここからはこれらを作成する際に押さえておきたいルールを5つ紹介していきます。

　1つめは、損益計算書および完成工事原価報告書を作成する際に、多くの方が頭を悩ませている「人件費をどこに記載すればよいのか」問題です。

📄 役所が目を光らせている中小建設業者の人件費

　建設業財務諸表には、次のとおり、人件費（人に関わる費用）が4つ（兼業事業がない場合は3つ）も登場します。

---

①損益計算書＞販管費＞従業員給料手当

　　→以下、「**従業員給料手当**」

②完成工事原価報告書＞労務費

　　→以下、「**労務費**」

③完成工事原価報告書＞経費のうち人件費

　　→以下、「**うち人件費**」

④兼業事業売上原価報告書＞労務費

　　→以下、「**兼業原価の労務費**」

　まずは、これらの区別がついていない人がけっこう多いので、簡単に説明しましょう（次ページの図を参照）。

　建設業財務諸表において、人件費はまず【工事にかかわらない人】と【工事にかかわる人】とに大別されます。【工事にかかわらない人】

85

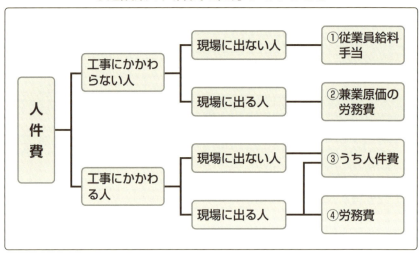

のうち［現場に出ない人］の人件費は、販売費及び一般管理費の「①従業員給料手当」に当たり、これは前述のとおり総務や経理といった管理部門や営業部門の人の人件費です。他の３つに比べて、一番イメージしやすいと思います。

次に、【工事にかかわらない人】のうち［現場に出る人］の人件費は、「②兼業原価の労務費」に分類されます。これは保守点検、清掃や管理といった工事以外の現場仕事に従事する人の給料やアルバイト代です。したがって、工事以外の売上がない会社の場合は、ここはあまり気にしなくてかまいません。

そして、肝心の【工事にかかわる人】の分類ですが、ここでも［現場に出ない人］と［現場に出る人］で分かれます。【工事にかかわる人】のうち［現場に出ない人］の人件費は、「③うち人件費」に分類されます。工事にかかわるのに現場に出ない人なんているの？と思われるかもしれませんが、たとえば社内で発注業務や調達業務を行なっている工事部門専属の事務員等をイメージするとよいでしょう。

次に、【工事にかかわる人】のうち［現場に出る人］の人件費は、

「③うち人件費」と「④労務費」に分類されます。「③うち人件費」は工事部門の正規従業員に対する給料で、「④労務費」はいわゆる日雇いや日給月給の現場作業員の日当・アルバイト代です。「③うち人件費」と「④労務費」の区別がつきにくい場合は、主として作業だけを行なうのか、工事管理や監督も行なうのかという視点で区別するとよいと思います。

左図の「③うち人件費」と「④労務費」の違いがわからないという人は正直多いです。

前項の勘定科目の説明でも、国土交通省の告示をベースに説明していますが、ピンときていない方もいるかもしれません。そんなときに私がいつも話をしているのが、**遠隔地における施工**の話です。

たとえば、東京都に事務所を構えて、ふだんは主に首都圏の仕事をしている建設業者がいたとします。元請業者から頼まれてたまたま福岡県の現場に入ることになりました。

全部を自社の正規職員だけで施工できればよいのですが、工期や規模を考えるとそれはどうも難しそうです。かといって、ふだんから協力してくれている首都圏の一人親方や常用の作業員を引き連れていくと、出張費や外注費がだいぶかさんでしまいます。

そこで、今回の福岡県の現場でのみ従事してもらう作業員を直接現地で募集するわけです。こうしたその現場限りを前提とした雇用契約で従事した作業員に対する賃金、給料および手当等が④「労務費」です。

一方で、③「うち人件費」は、工事現場にかかわる現場代理人、主任技術者および監理技術者、現場事務員等、自社の正規職員全般の人件費だと考えて差し支えありません。

少し大雑把な言い方かもしれませんが、自社の社会保険に入っている工事に携わる正社員は③「うち人件費」に該当すると覚えておいてもよいでしょう。

3-4

決算書別の完成工事原価のつくり方

建設業財務諸表に登場する人件費について整理したところで、実際に見かけた決算書でケーススタディをしてみましょう。

📄 ケース①：工事原価に「経費のうち人件費」がない

```
【決算書の原価報告書】
Ⅰ    材料費        ………
Ⅱ    労務費        ………
Ⅲ    外注費        ………
Ⅳ    経  費        ………
```

税理士が建設業会計にもとづいて決算書を作成している場合は、上図のように、建設業財務諸表と同様に「材料費」「労務費」「外注費」「経費」の4つの費用が表示されます。

しかし、労務費の内訳科目である「労務外注費」と、経費の内訳科目である「うち人件費」が表示されていない点が、建設業財務諸表と異なります。

さて、1章で述べたように、転記するだけでこの決算書をもとに建設業財務諸表を作成すると、次ページ上図のようになります。

88

		千円
Ⅰ 材 料 費		74,581
Ⅱ 労 務 費		59,532
（うち労務外注費 　　　　）		
Ⅲ 外 注 費		1,364,453
Ⅳ 経 費		51,822
（うち人件費 　　　　　）		
完成工事原価		1,550,388

　いかがでしょうか？　一見して、なにも問題がないように見えますが、着目すべきは四角で囲った部分です。

　経費のうち人件費がゼロになっています。これは、なにも考えずにただ転記しているだけか、建設業財務諸表の「労務費」と「うち人件費」の区別がついていないことが原因と考えられます。

　このような建設業財務諸表を作成していると、建設業法違反を疑われる可能性があります。

　そこで、建設業法の知識が重要になってきます。ここで確認していただきたいのが、下記の条文です。

建設業法第26条第1項

　建設業者は、その請け負った建設工事を施工するときは、当該建設工事に関し第7条第2号イ、ロ又はハに該当する者で当該工事現場における建設工事の施工の技術上の管理をつかさどるもの（以下「主任技術者」という。）を置かなければならない。

　建設業法では、自社が請け負った工事の現場における技術上の責任者として、「**主任技術者**」または「**監理技術者**」を配置することを建設業者に義務づけています。

　これは、元請・下請を問わず、金額の多寡も問わず、基本的に例

外はありません（※令和2年10月の改正で、特定専門工事（鉄筋工事および型枠工事）において配置不要となる制度が創設されましたが、きわめて限定的です）。

　すなわち、建設業法の観点から、建設業者のすべての現場には必ず主任技術者または監理技術者が配置されているはずなので、建設業財務諸表において経費のうち人件費が計上されていないことは基本的にありえないのです。

　もし、経費のうち人件費がゼロというのが事実であれば、それは適切な主任技術者または監理技術者を配置していなかったことになります。

　これは、当然に建設業違反になりますし、実際に以下のように指示処分や営業停止処分が科されています。

　○○株式会社は、令和4年、建設業法上届け出ていない県外の営業所の権限で、発注者との間で太陽光発電機器設置工事の請負契約を締結し、また主任技術者を配置せずに下請業者に工事をさせた。このことは、建設業法第3条第1項及び同法第26条第1項に違反し、第28条第1項第2号に該当する。

（国土交通省ネガティブ情報等検索サイトより引用・抜粋）

　△△株式会社は、令和5年3月16日に締結した□□町発注の工事に関し、令和5年9月20日から令和6年1月9日までの間、当該工事について資格要件を有する主任技術者が不在であった。このことは建設業法第26条第1項に違反し、同法第28条第3項（同条第1項第2号該当）に該当する。

（同上）

主任技術者または監理技術者の不在を理由に、実際に行政処分が科されているのですから、建設業者・行政書士は、行政庁に建設業法違反を疑われるような建設業財務諸表を作成・提出することがないよう気をつけなければなりません。

具体的には、このような決算書の場合、決算書の労務費が建設業財務諸表においても「労務費」なのか、それとも「経費のうち人件費」なのかを精査し、労務費の全額または一部を「経費のうち人件費」に振り替える必要があります。場合によっては、労務費はそのままに、販売費及び一般管理費の「従業員給料手当」から振り替えることもあります。

なお、「経費のうち人件費」がゼロでも致し方ないケースとして、社長1人しかいない会社の場合があげられます。

この点については、企業会計原則の「真実性の原則」に則って役員としての報酬部分と技術職員としての給料部分を分けるべきとの議論もありますが、役員報酬は労働の対価ではないため、役員報酬は分割すべきではないというのが私の見解です。

このように、3-3項で紹介した建設業財務諸表に登場する4つの人件費についてきちんと理解することは、自社が行政処分を受けることを未然に防ぐことにつながります。

📄 ケース②：工事原価に人件費が一切出てこない

```
       【決算書の原価報告書】
   Ⅰ   材料費      ………
   Ⅱ   外注費      ………
   Ⅲ   経  費      ………
```

税理士が建設業会計ではなく、製造業会計にもとづいて決算書を

作成している場合は、前ページ図のように「材料費」「外注費」「経費」の3つの費用で構成された原価報告書になります。

ケース①で触れた「経費のうち人件費」はもちろん、「労務費」も表示されておらず、工事にかかわる人件費がごっそりと抜け落ちてしまっています。

さて、ケース①と同様に、この決算書を建設業財務諸表に転記すると、下図のようになります。

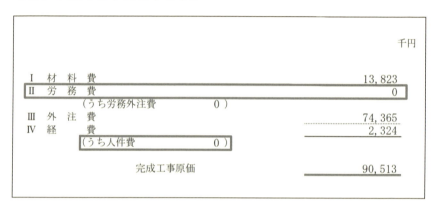

ケース①をお読みいただいているので、違和感の正体にはすぐにお気づきでしょう。

1つはケース①と同様に「経費のうち人件費」がゼロである点です。ただし、ケース①とは異なり、労務費も「経費のうち人件費」もゼロであることから、本来「経費のうち人件費」とすべきところを「労務費」にしてしまったという、うっかりミスということも考えにくく、このままではケース①で述べた主任技術者または監理技術者の配置義務違反がより色濃く疑われます。

また、もう1つは「労務費」も「経費のうち人件費」もゼロである、つまり、工事原価に人件費が一切出てこない点です。決算書から転記しただけなので、当然といえば当然です。

これは、決算書の転記で終わってしまっている典型例なのですが、工事原価の会計ルール上も建設業法上も正しくありません。

さらに、これで経営事項審査を受けている場合は、経営状況分析（Y点）の評価項目である総資本売上総利益率（Y3）が不当に高得点を得ていることになり（詳しくは173ページをご覧ください）、意図しているか否かにかかわらず、経審の虚偽申請になっている可能性が大です。そこで、工事原価に正しく人件費を計上しなおす必要があります。

具体的には、損益計算書の「販売費及び一般管理費」の「従業員給料手当」に合算されているであろう現場にかかわる人の人件費を抜き出して、原価（経費のうち人件費）に振り替える必要があります。

工事部門とそれ以外の部門が明確に分かれている場合は、工事部門に所属する人たちの給料手当の合計額を工事原価に振り替えます。しかし現実には、現場監督も営業も務める人がいたり、経理職だけど現場にも出る人がいたりと、区別するのは容易ではありません。

この場合、現場にかかわる仕事とそうでない仕事で、それぞれに費やした時間を大まかにでも把握して、その割合に応じて給与額を案分することになります。

たとえば、週5日勤務のうち現場管理を3日と営業を2日行なった場合には、給与額の60％を原価に、40％を販売費及び一般管理費に、それぞれ計上します。

販売費及び一般管理費の「従業員給料手当」から工事原価の「経費のうち人件費」に金額を振り替えるので、売上総利益が決算書とズレてしまいますが、これこそ決算書の"翻訳"です。

建設業者が許可行政庁に提出するのは、決算書ではなく建設業財務諸表です。書類を作成する際には、この違いを常に念頭に置いておきましょう。

最後に、決算書に人件費をどのように計上するかは、本来的には原価計算にかかわってくる問題です。税理士と相談するなどして、会社の現状にふさわしい人件費計上のルールを決めていただければと思います。

ケース③：工事原価の内訳がまったくわからない

```
【決算書の損益計算書】
   売上高      ………
   仕入高      ………
   売上総利益   ………
```

　このケースは、税理士が建設業会計ではなく、小売業等と同様に会計処理をして決算書を作成している場合に、上図のように原価に当たるものを「仕入高」とだけ損益計算書に記載しているケースです。

　この場合、「仕入高」が単なる材料費や外注費だけなのか、経費や人件費を含んでいるのかは、決算書を作成した税理士に確認する必要があります。

　さて、仮に「仕入高＝外注費」だったとして、この決算書を建設業財務諸表に転記すると、下図のようになります。

　これを閲覧で見かけたときは、私は愕然として言葉を失いました。きっと誤記載なのだと思うのですが、これが事実なら重大な建設業法違反が疑われます。

ここで気をつけたいのは、下記の条文です。

> **建設業法第22条第1項**
>
> 建設業者は、その請け負った建設工事を、いかなる方法をもってするかを問わず、一括して他人に請け負わせてはならない。

　建設業法では、工事の一括下請負（工事の丸投げ）を原則として禁止しています。これは、発注者が建設業者を信頼して工事を依頼したにもかかわらず、そのすべてを別の建設業者に丸ごと任せて自身はなにもしないというのは、発注者の信頼を裏切る行為だからです。発注者保護という建設業法の目的に鑑みて、きわめて悪質であることから、以下のように営業停止処分という重い処分が科されています。

（処分の内容）
1　営業停止
2　期間　37日間
（原因となった事実）
株式会社□□は、東京都内の公共工事において、建設業法第22条第1項の規定に違反して、<u>自らが請け負った建設工事を一括して下請業者に請け負わせた</u>。（中略）このことが、建設業法第28条第3項に該当する。

(国土交通省ネガティブ情報等検索サイトより引用・抜粋)

（処分の内容）
1　営業停止
2　期間　15日間

（原因となった事実）
株式会社○○は、建設業法（昭和24年法律第100号）第22条第
1項に違反して、下請業者の△△に解体工事を一括発注してい
た。このことは、同法第28条第1項第4号に該当すると認めら
れる。

（同上）

　工事業種によっては材料費がかからない業種もありますし、材料
は発注者や元請が支給することもあるので、材料費が一切かからな
い工事はあり得ます。また、自社施工したり、直庸作業員を抱えて
いる業態であれば、外注費が一切かからないこともあり得るとは思
います。

　しかし、現場までの交通費、現場で出た廃棄物の処理費、機械工
具類の減価償却費、道路使用許可の申請手数料、現場事務所を借り
たらその家賃等、現場経費が一切かからない工事というのはあり得
ません。

　具体的には、このように原価が表示されていない決算書の場合、
ケース②の人件費のときと同様に、損益計算書の「販売費及び一般
管理費」の各科目に合算されているであろう工事分を抜き出したり、
案分したりして、工事原価に振り替える必要があります。

3-5

なぜ決算書では人件費を分けないのか？

人件費を区別しない2つの理由

　ここまで人件費について深掘りしてきました。できれば決算書の段階で建設業法の観点から区別しておきたいところですが、税務申告の決算書では、人件費を区別していないことが多々あります。これには主に2つの理由があります。

【理由①】分ける意味がないから

　原価に計上されていようが、販管費に計上されていようが、税金の計算上は分ける意味がないからという理由です。

　Aさんは技術職員なので「うち人件費」、Bさんは管理部門なので「従業員給料手当」というように、1人ひとりの人件費を区別しても、発生している費用としては同じですから、最終的に税金の額は変わりません。

　税金の額が変わるならまだしも、税金の額が変わらないことに時間と労力をかけるのであれば、今期の最終的な利益はどれくらいか、その結果どれくらいの税金を払うことになるのか、そして税金のための手許資金は足りているか、あるいはいまから節税できることはないかなど、さまざまな税務の観点から、あるいは「税務署対策」「資金繰り」といった面からも顧問先に貢献したいと思うのが、税理士の本来あるべき姿なのです。

【理由②】人件費は固定費という理解が一般的だから

　もう1つの理由は、一般的に人件費は固定的な費用（固定費）であると理解されているためです。

　売上に連動して増減する費用が「変動費」、そうでない費用が「固

定費」です。建設業であれば、材料費と外注費が主たる変動費でしょう。売上から変動費を引いたものが売上総利益（粗利）で、そこからさらに出ていく費用が固定費です。

　この固定費のうち約半分を占めるのが人件費です。たとえば、売上がゼロだったら材料費も外注費もかかりませんが、自社の現場監督の人件費もゼロというわけにはいきません。逆に、売上が3倍になっても、人件費がただちに3倍になることは基本的にありません。

　このような考え方から、人件費は固定費としてとらえられているのが一般的です（厳密には、「労務費」は作業量（売上）に応じて増減するので変動費ですが、ここでは影響は軽微なものと考えて省略しています）。

　税理士には税理士なりの言語があって決算書を作成していますし、建設業財務諸表は建設業財務諸表なりの言語があって翻訳する必要があるという、まさに"言語の違い"を実感できる部分かと思います。繰り返しになりますが、「決算書と建設業財務諸表は別モノ」です。建設業財務諸表のルールを税理士に理解してもらうための一助になればと思います。

3-6

役員報酬と
法定福利費は必ず計上する

なぜ必ず計上しなければならないのか

```
Ⅲ  販売費及び一般管理費
    役員報酬                        ...............
    従業員給料手当                   2,896
    退職金
    法定福利費                       199
    福利厚生費                       4
    修繕維持費
    事務用品費                       3
    通信交通費                       65
```

```
      兼業事業売上原価                              10,909
      売上総利益（売上総損失）
        完成工事総利益（完成工事総損失）   53,634
        兼業事業総利益（兼業事業総損失）                53,634

Ⅲ  販売費及び一般管理費
    役員報酬                        20,260
    従業員給料手当
    退職金
    法定福利費                       ...............
    福利厚生費                       3,949
    修繕維持費                       1,619
    事務用品費                       145
    通信交通費                       3,065
```

　人件費について、もう1つ大事なものがあります。それは「**役員報酬**」です。決算書では、役員報酬と従業員給料の合計を「給料手当」として記載していることがありますが、建設業財務諸表では、これらをきちんと区別して記載する必要があります。

　建設業許可で欠かせないものが、経営業務の管理責任者（現在の正式名称では「常勤役員等」）の要件です。経営業務の管理責任者は、

取締役や事業主として建設業に関して5年以上の経営経験を有する人が、建設業許可業者の常勤の取締役として在職していることが要件になっています（なお、経営業務の管理責任者については、これ以外にも選択肢はありますが、許可業者の9割以上がこれによって許可を取得しているため、ここでは話を単純化しています）。

　ここでポイントになるのが、「**常勤**」の「**取締役**」という点です。

　役所の基本的な考え方として、常勤で働いているのであれば、給料または役員報酬が支払われているはず、というのが根底にあります。特に、経営業務の管理責任者は常勤の取締役として在職していることがほとんどなので、この場合「役員報酬」がゼロというのは異常な状態といわざるを得ません。

　もっといえば、経営業務の管理責任者がいなくなっているのではないか、つまり許可要件を欠いているのではないかという疑念すら生じてしまいます。実際にそのようなことはあまりないとは思いますが、そういった疑念を抱かれないために、また役所からムダに目をつけられないためにも、「役員報酬」は従業員給料とは区別して表記するのが得策です。

　決算書で役員報酬と従業員給料の合計を「給料手当」として記載している場合、それをそのまま建設業財務諸表に転記してしまうと、「従業員給料手当」に入れてしまいがちです。その場合には、確定申告書に添付されている「役員報酬手当等及び人件費の内訳書」（次ページ左図参照）を見て、役員報酬と従業員給料をきちんと分けましょう。内訳書の下段にある「人件費の内訳」欄に記載されている役員報酬手当の総額を、建設業財務諸表の「役員報酬」として計上すればOKです。

　決算書の給料手当と、この「役員報酬」の差額が、建設業財務諸表では「従業員給料手当」として計上されることになります。余談ですが、内訳書に記載されている給料手当と賃金手当の違いについ

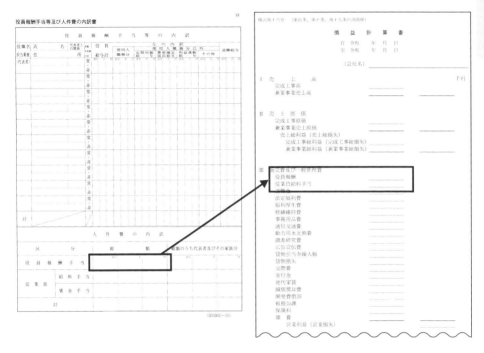

て触れておくと、給料手当は「販売費及び一般管理費」に入る従業員給料で、賃金手当は工事原価となる労務費、または、経費のうち人件費として記載されることが一般的です。

なお、内訳書の上段には、取締役や監査役の氏名等とそれぞれの役員報酬額が記載されています。中小企業ではあまり見られませんが、「使用人職務分」欄に記載がある場合、その分は厳密には役員報酬ではないため注意が必要です。

たとえば、取締役兼総務部長であれば、総務部長としての給料なのでこの分は販管費の「従業員給料手当」に分類されますし、取締役兼工事部長であれば、工事部長としての給料なので工事原価の「経費のうち人件費」に分類される可能性がありますので、適切に分類してください。

ついでにいうと、「**法定福利費**」にも同じことがいえます。

　令和2年10月の建設業法改正により、雇用保険・健康保険・厚生年金保険の加入が許可要件となったので、法定福利費の計上もきちんと行なうようにしましょう。

　実際にあったケースとしては、法定福利費と福利厚生費を合算して「福利費」という科目名で決算書に載せている会社がありました。これも経審や入札に直接影響する部分ではありませんが、社会保険への加入が偽装なのではないかと疑われるようなことは、あらかじめ避けておくのが賢明です。

3-7

損益計算書の10%ルール

「10%ルール」とはなにか？

　貸借対照表には5％ルールがありましたが、損益計算書にも同様のルールがあります。そこで、損益計算書（様式第16号）の記載要領を見てみましょう。

6　「雑費」に属する費用で販売費及び一般管理費の総額の10分の1を超えるものについては、それぞれ当該費用を明示する科目を用いて掲記すること。

7　記載要領6は、営業外収益の「その他」に属する収益及び営業外費用の「その他」に属する費用の記載に準用する。

8　「前期損益修正益」の金額が重要でない場合においては、特別利益の「その他」に含めて記載することができる。

9　特別利益の「その他」については、それぞれ当該利益を明示する科目を用いて掲記すること。ただし、各利益のうち、その金額が重要でないものについては、当該利益を区分掲記しないことができる。

10　特別利益に属する科目の掲記が「その他」のみである場合においては、科目の記載を要しない。

11　記載要領8は「前期損益修正損」の記載に、記載要領9は特別損失の「その他」の記載に、記載要領10は特別損失に属する科目の記載にそれぞれ準用すること。

　これは、損益計算書に記載する各科目の金額が、当該科目が記載されている各項目（Ⅲ～Ⅶ）の合計額の10%を超える場合は、「雑費」

や「その他」としてまとめずに、個別に明示することを求めています。これを、「**損益計算書の10％ルール**」といいます。

3-1項の損益計算書のサンプルの記載例においても、支払手数料が69,163千円あり、販売費及び一般管理費の合計額286,035千円の10％を超えているため、雑費から抜き出して明示しています。

なお、特別利益および特別損失については、「金額が重要でない」ときは明示しなくてもよい旨が記載されているにとどまります。では、なにをもって「金額が重要」と考えるのでしょうか？

その根拠は、「財務諸表等の用語、様式及び作成方法に関する規則」（昭和38年大蔵省令第59号）に規定されています。実は前述の記載要領は、この「財務諸表等規則」を根拠としています。

「財務諸表等規則」の第95条の2と第95条の3それぞれの「ただし書」で、特別利益と特別損失について、「特別利益（損失）に属する利益（損失）は、その金額が特別利益（損失）の総額の100分の10以下のもので一括して表示することが適当であると認められるものについては、当該利益（損失）を一括して示す名称を付した科目をもって掲記することができる」と規定しています。

この規定から、特別利益と特別損失における重要な金額は、「100分の10」つまり10％を超えるものと考えられるため、営業外収益・費用と同様に10％を超える場合は明示が必要になります。

4章

B/S、P/L以外の
建設業財務諸表の作成方法

株主資本等変動計算書、注記表などについて見ていきます。

4-1

株主資本等変動計算書の作成方法

株主資本等変動計算書とは

　1章で建設業財務諸表の全体像を説明し、2章では貸借対照表（Balance Sheet = B／S）を、3章では損益計算書（Profit and Loss statement = P／L）をそれぞれ細かく見てきました。

　本項で紹介する「**株主資本等変動計算書**」（Statements of

様式第十七号（第四条、第十条、第十九条の四関係）

株主資本等変動計算書(S/S)

自　令和　●年　　4月　　1日
至　令和　○年　　3月　　31日　　（会社

	株主資本											
			資本剰余金			利益剰余金						
	資本金	新株式申込証拠金	資本準備金	その他資本剰余金	資本剰余金合計	利益準備金	その他利益剰余金		利益剰余金合計	自己株式	自己株式申込証拠金	株主資本合計
							準備金及び積立金	繰越利益剰余金				
当期首残高	20,000					5,000		517,577	522,577			542,577
当期変動額	この行は数字を記入しない											
新株の発行												
剰余金の配当								△50,000	△50,000			△50,000
当期純利益								145,465	145,465			145,465
自己株式の処分												
────												
────												
株主資本以外の項目の当期変動額（純額）												
当期変動額合計								95,465	95,465			95,465
当期末残高	20,000					5,000		613,042	618,042			638,042
	⑩	⑪			⑫				⑬	⑭	⑮	⑯

Shareholders' Equityで、図表ではS／Sと表記）は、この貸借対照表と損益計算書の2つを結びつけている計算書類です。

株主資本等変動計算書は、貸借対照表の期首（前期末）の「純資産の部」に属する各科目が、当期の事業活動を経てどのように増減したかを、その変動事由ごとに記載しています。どれだけ利益が出たのか、その利益から株主への配当（社外流出）があったのか否か、その利益をどのような形（準備金や積立金）でプール（内部留保）したのか、各剰余金・準備金・資本金の間での振替があったのか否か等を計算し、最終的に「純資産の部」に属する各科目が、当期末でいくらになったのかを表わしています。

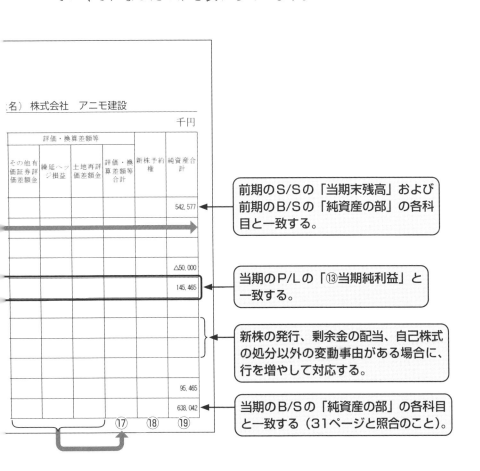

大きく分けて「株主資本」の部分とそれ以外の部分に分かれており、株主資本の各項目の変動事由としては、記載要領10において以下のとおり例示されています。

> (1) 当期純利益又は当期純損失
> (2) 新株の発行又は自己株式の処分
> (3) 剰余金の配当
> (4) 自己株式の取得
> (5) 自己株式の消却
> (6) 企業結合（合併、会社分割、株式交換、株式移転など）による増加又は分割型の会社分割による減少
> (7) 株主資本の計数の変動
> 　①資本金から準備金又は剰余金への振替
> 　②準備金から資本金又は剰余金への振替
> 　③剰余金から資本金又は準備金への振替
> 　④剰余金の内訳科目間の振替

また、株主資本以外の各項目の主な変動事由については、記載要領16に記載があるので、そちらも併せて確認しておきましょう。

株主資本等変動計算書の記載のしかた

次に、実務上どのように作成するかですが、株主資本等変動計算書は決算書に添付されているので、基本的にはそれを参照して転記すれば大丈夫です。

ただし、税理士作成の株主資本等変動計算書は行と列が入れ替わっていて横長ではなく縦長の形で記載されているものも多いため、慣れるまでは少し苦労するかもしれません。

ちなみに、もし株主資本等変動計算書が決算書に添付されていなくても、社外流出や内部留保がよほど複雑でない限り、以下の手順で確認していけばきちんと作成することができます。

108

①前期の決算書や建設業財務諸表を参照して、各項目の当期首（前期末）残高を記載します。

②当期の貸借対照表と照らし合わせながら、各項目の当期末残高を記載します。

③各項目の①と②の差額を、当期変動額合計の行（評価・換算差額等と新株予約権の部分は、株主資本以外の項目の当期変動額の行）にそれぞれ記載します。このとき、差額がマイナスになることもあります（評価・換算差額等と新株予約権の部分は、これで記載完了です）。

④株主資本の部分は、損益計算書から当期純利益を引っ張ってきて、①と②の数字が記載されている列と「当期純利益」の行が交わるマスに記載します。

⑤上記③と④が一致していれば、株主資本の部分も記載終了です。一致していない場合は、増資や配当や積立金等の振替があるので、各項目を確認して変動している項目を埋めていきます。新株の発行による増資は資本金の欄にプラス表示のみが記載されます。剰余金の配当は、利益剰余金（一般的には繰越利益剰余金）の欄にマイナス表示のみが記載されます。配当に伴う利益準備金の積立て等、各剰余金・準備金・資本金の間での振替はどこかの項目がプラスならどこかの項目がマイナスになっているはずなので、同額が変動している項目を探しましょう。

⑥最後に、変動がある項目の各合計欄を計算して記載します。

　最近は見なくなりましたが、昔の「利益処分案」の名残りで役員賞与を株主資本等変動計算書で処理している決算書がごくまれにあります。この場合は、損益計算書の「役員報酬」として計上し直す必要があります。「役員報酬」に計上し直すと、当期純利益が変わってくるので注意が必要です。

4-2

注記表の作成方法

📑 注記表のしくみとは

　次に紹介するのは、「**注記表**」です。サンプルをあげておくと、以下のとおりです。

様式第十七号の二（第四条、第十条、第十九条の四関係）

注　記　表

自　令和　●年　4月　1日
至　令和　○年　3月　31日

（会社名）株式会社　アニモ建設

1　継続企業の前提に重要な疑義を生じさせるような事象又は状況

②　重要な会計方針
(1)資産の評価基準及び評価方法
　　◎有価証券：移動平均法による原価法
　　◎棚卸資産：最終仕入原価法

(2)固定資産の減価償却の方法
　　◎有形固定資産：建物は定額法、建物以外は定率法
　　◎無形固定資産：定額法

(3)引当金の計上基準
　　貸倒引当金：法定繰入率によるほか個別に回収可能性を勘案して計上している。

(4)収益及び費用の計上基準
　　収益：実現主義　　　　費用：発生主義

(5)消費税及び地方消費税に相当する額の会計処理の方法
　　消費税抜

(6)その他貸借対照表、損益計算書、株主資本等変動計算書、注記表作成のための基本となる重要な事項
　　特にありません

③　会計方針の変更
　　該当なし

④　表示方法の変更
　　該当なし

4－2　会計上の見積り

5　会計上の見積りの変更

⑥　誤謬の訂正
　　該当なし

110

7　貸借対照表関係
(1)担保に供している資産及び担保付債務
　①担保に供している資産の内容及びその金額

　②担保に係る債務の金額

(2)保証債務、手形遡求債務、重要な係争事件に係る損害賠償義務等の内容及び金額
　　受取手形割引高　　0（千円）
　　裏書手形譲渡高　　0（千円）

(3)関係会社に対する短期金銭債権及び長期金銭債権並びに短期金銭債務及び長期金銭債務

(4)取締役、監査役及び執行役との間の取引による取締役、監査役及び執行役に
　　対する金銭債権及び金銭債務

(5)親会社株式の各表示区分別の金額

(6)工事損失引当金に対応する未成工事支出金の金額

8　損益計算書関係
(1)売上高のうち関係会社に対する部分

(2)売上原価のうち関係会社からの仕入高

(3)売上原価のうち工事損失引当金繰入額

(4)関係会社との営業取引以外の取引高

(5)研究開発費の総額（会計監査人を設置している会社に限る。）

(9)　株主資本等変動計算書関係
(1)事業年度末日における発行済株式の種類及び数
　　普通株式　　110,000株

(2)事業年度末日における自己株式の種類及び数
　　普通株式　　10,000株

(3)剰余金の配当
　　＜当該事業年度中に行った利益剰余金の配当に関する事項＞
　　令和●年05月28日の定時株主総会にて決議
　　配当原資　　　　　　利益剰余金
　　配当金の総額　　　　5,000,000円
　　1株あたりの配当金　50円
　　配当基準日　　　　　令和●年03月31日
　　効力発生日　　　　　令和●年05月29日

　　＜基準日が当期に属する配当のうち、配当の効力発生日が翌期となるもの＞
　　令和○年05月29日の定時株主総会にて決議
　　配当金の総額　　　　10,000,000円
　　配当原資　　　　　　利益剰余金
　　1株あたりの配当金　100円
　　配当基準日　　　　　令和○年03月31日
　　効力発生日　　　　　令和○年05月30日

(4)事業年度末において発行している新株予約権の目的となる株式の種類及び数
　　該当なし

10　税効果会計

11　リースにより使用する固定資産

12　金融商品関係
(1)金融商品の状況

(2)金融商品の時価等

13　賃貸等不動産関係
(1)賃貸等不動産の状況

(2)賃貸等不動産の時価

１４　関連当事者との取引
取引の内容

種類	会社等の名称又は氏名	議決権の所有（被所有）割合	関係内容	科目	期末残高（千円）

ただし、会計監査人を設置している会社は以下の様式により記載する。
(1)取引の内容

種類	会社等の名称又は氏名	議決権の所有（被所有）割合	関係内容	取引の内容	取引金額	科目	期末残高（千円）

(2)取引条件及び取引条件の決定方針

(3)取引条件の変更の内容及び変更が貸借対照表、損益計算書に与える影響の内容

１５　一株当たり情報
(1)一株当たりの純資産額

(2)一株当たりの当期純利益又は当期純損失

１６　重要な後発事象

１７　連結配当規制適用の有無

１７－２　収益認識関係

１８　その他
特にありません

　注記表は、決算書では「個別注記表」と表記されていることもありますが、中身は同じです。ただし、大企業はさておき、中小企業の決算書においては注記表がきちんと記載されていることはあまり多くはありません。
　「中小企業の会計に関する基本指針による」と一言ですませているものや、２つか３つの項目だけしか記載されていないものがほとんどで、時には決算書に添付されていないこともあります。
　「なぜ税理士は注記表をきちんとつくらないのだろう？」と疑問に思ったのですが、その答えは、会社法では作成義務があるが税法上は作成義務はないこと、税務署への提出義務もないことが原因でした。しかし、建設業財務諸表では最低限記載すべき項目が決まっています。そこで、作成と添付が必須になっていますし、建設業財

務諸表における注記表の記載について簡単に解説しておきます。

　注記表を記載するうえでまず確認してほしいのは、会社が**株式譲渡制限会社であるか否か**です。株式譲渡制限会社とは、株主が株式を他人に譲るときに会社の許可を得る必要がある会社のことで、中小企業では多くの会社がこのしくみになっていると思います。

　株式譲渡制限会社かどうかは、定款でも確認することができますが、一番よいのは会社の登記簿謄本（履歴事項全部証明書）で確認する方法です。登記簿謄本に「株式の譲渡制限に関する規定」という項目があれば株式譲渡制限会社であり、その項目がなければ株式譲渡制限会社ではない（公開会社）ということになります。なぜこれを最初に確認するかというと、株式譲渡制限会社か否かで注記表に記載する項目が変わるためです。

　なお、注記表の記載事項については、実は建設業法や建設業法施行規則ではなく、会社計算規則第98条から第106条を根拠としており、以下の表で「○」は記載を要する、「×」は記載を要しないことになっています。

	株　式　会　社			持分会社
	会計監査人設置会社	会計監査人なし		
		公開会社	株式譲渡制限会社	
1　継続企業の前提に必要な疑義を生じさせるような事象または状況	○	×	×	×
2　重要な会計方針	○	○	○	○
3　会計方針の変更	○	○	○	○
4　表示方法の変更	○	○	○	○
4－2　会計上の見積り	○	×	×	×
5　会計上の見積りの変更	○	×	×	×
6　誤謬（ごびゅう）の訂正	○	○	○	○

7 貸借対照表関係	○	○	×	×
8 損益計算書関係	○	○	×	×
9 株主資本等変動計算書関係	○	○	○	×
10 税効果会計	○	○	×	×
11 リースにより使用する固定資産	○	○	×	×
12 金融商品関係	○	○	×	×
13 賃貸等不動産関係	○	○	×	×
14 関連当事者との取引	○	○	×	×
15 1株当たり情報	○	○	×	×
16 重要な後発事象	○	○	×	×
17 連結配当規制適用の有無	○	×	×	×
17-2 収益認識関係	○	×	×	×
18 その他	○	○	○	○

　株式譲渡制限会社であれば、記載するのは20ある記載項目のうち6項目だけでよいので、だいぶ手間を軽減できます。

　現在の日本においては、株式会社の99％以上が非上場会社であり、非上場会社の多くが株式譲渡制限会社なので、本書では株式譲渡制限会社で記載が必須となっている以下の6項目について、代表的な記載例とともに解説していきます。

2　重要な会計方針	3　会計方針の変更
4　表示方法の変更	6　誤謬の訂正
9　株主資本等変動計算書関係	18　その他

　なお、公開会社や会計監査人設置会社であれば、決算書の段階で注記表をしっかりと作成しているので、税理士作成の注記表を建設業財務諸表の注記表に添付して、各記載項目において、

別紙2（1）記載のとおり

のように記載しても差し支えありません。

注記表2（1）資産の評価基準及び評価方法

　注記表2（1）には、有価証券や棚卸資産（商品、製品、原材料、貯蔵品、未成工事支出金等）についての評価方法を記載します。

　有価証券については、決算時点で有価証券を保有していて、税務署に「有価証券の一単位当たりの帳簿価額の算出方法の届出」をしていない場合には、次のように記載します。なお、有価証券を保有していない場合には「該当なし」でかまいません。

❶**時価のあるもの**…期末日の市場価格等にもとづく時価法（評価差額はすべて純資産直入法によって処理し、売却原価は移動平均法により算定します）
❷**時価のないもの**…移動平均法による原価法

　棚卸資産（商品、製品、原材料、貯蔵品、未成工事支出金等）がある場合には、その評価方法を区分ごとに記載します。

　評価方法の代表的なものとしては、個別法、先入先出法、総平均法、移動平均法、売価還元法、最終仕入原価法といったものがあり、次のように科目ごとに記載します。

●**商　　　　　品**：最終仕入原価法にもとづく原価法
●**未成工事支出金**：個別法による原価法
●**その他有価証券**：移動平均法による時価法

　この点、「該当なし」とだけ記載している建設業財務諸表をよく見かけますが、資産の評価方法が決まっていない会社はありえませんので、なにかしらの評価方法を記載する必要があります。

そうはいっても、自社の評価方法がどうなっているかがわからない方も多いと思います。税理士に確認するのが確実ですが、「棚卸資産の評価方法の届出」を税務署に提出していなければ、

最終仕入原価法

と記載すればOKです。

これは、税務上、棚卸資産の評価方法についてはその採用した評価方法を税務署に届け出ることになっており、この届出が出ていない場合は「最終仕入原価法」によることとされているためです。

ある程度の規模がある会社であれば、項目ごとに評価方法を決めてきちんと届出をしているとは思いますが、中小企業ではこの届出を行なっていないことが多いのです。

一方で、実は最終仕入原価法は、「棚卸資産の評価に関する会計基準」において棚卸資産の評価方法としては認められていないうえに、企業会計原則注解（注21）でも棚卸資産の評価方法として例示されておらず、会計ルールとしては例外的な取扱いです。

建設業財務諸表（決算書）を深掘りしていると、こういった税務と会計の違いが垣間見えるのがまたおもしろいですね。

📄 注記表２（2）　固定資産の減価償却の方法

決算日時点で固定資産を保有していて、税務署に「減価償却資産の償却方法の届出」をしていない場合には、次のように記載します。なお、建設業者ではあまり見られませんが、固定資産を保有していない場合には「該当なし」でかまいません。

❶有形固定資産…定率法を採用しています。ただし、平成10年４月１日以降に取得した建物（建物附属設備を除く）ならびに平成28年４月１日以降に取得した建物附属設備および構築物については定額法を採用しています。

❷無形固定資産…定額法を採用しています。

なお、注記表に記載がない場合には、確定申告書の別表16を確認することで記載することができます。別表16（1）に記載されている固定資産は「定額法」、別表16（2）に記載されている固定資産は「定率法」なので、参考にしてください。

注記表2（3）引当金の計上基準

決算日時点で何らかの引当金がある場合には、その基準を記載します。貸倒引当金、賞与引当金、退職給付引当金などは、実務上よく見かけます。

貸倒引当金は、法人税法の法定繰入率（建設業の場合1,000分の6）、その他の引当金は、会計基準や中小企業の会計に関する基本指針に則って計上されることが一般的です。なお、引当金がない場合には「該当なし」でかまいません。

---

❶**貸倒引当金**…債権の貸倒れによる損失に備えるため、一般債権について法人税法の規定による法定繰入率により計上するほか、個々の債権の回収可能性を勘案して計上しています。

❷**賞与引当金**…従業員の賞与支給に備えるため、支給見込額の当期負担分を計上しています。

❸**退職給付引当金**…従業員の退職給付に備えるため、退職金規程にもとづく期末要支給額を計上しています。

❹**完成工事補償引当金**…完成工事に係る瑕疵補償等の費用発生に備えるため、過去の補修実績にもとづく補償見込額を計上しています。

注記表2（4）収益及び費用の計上基準

損益計算書に記載する収益と費用はどういった基準でそれぞれ計上されているかを問われており、一般的には次のように記載します。

| 収益：実現主義 | | 収益：工事完成基準 |
| 費用：発生主義 | または | 費用：発生主義 |

　工事完成基準とは別に「新収益認識基準（工事進行基準）」もありますが、これを採用するためには工事収益総額、工事原価総額、決算日における工事進捗度の３点を厳格に見積もることが求められるため、中小建設業者ではあまり使われていません。もし、一部の工事で「新収益認識基準（工事進行基準）」を採用している場合には、その旨も併せて記載します。

　決算書の貸借対照表に「契約資産」「契約負債」という科目が出てきたら、新収益認識基準（工事進行基準）を採用しているので、本欄に記載するのを忘れないようにしましょう。

注記表２（５）消費税などに相当する額の会計処理の方法

　自社の決算書が、消費税込みでつくられているのか消費税抜きでつくられているのかを明記する項目です。消費税についての記載項目なので、すべての会社が必ず記載することになります。

| 消費税抜 | または | 消費税込 | または | 免税のため消費税込 |

　なお、余談ですが、112ページで紹介した「中小企業の会計に関する基本指針による」と記載されている決算書は、指針のなかで「原則として消費税抜とする」旨が決められています。

　ここで問題になるのが、税務申告の決算書が消費税込みなのか消費税抜きなのかがわからないときの見分け方です。その場合は、次の順で検討するとよいでしょう。

①注記表で確認する

　税務申告の決算書とともに注記表が手元にある場合は、これで確認するのが最も簡単な方法です。しかし、免税業者が課税業者になったときに記載の修正を失念する等、まれに注記表の記載が誤っていることもありますので注意が必要です。

②税理士に聞く

　注記表がなかったり、注記表はあるけれど記載がなかったりするような場合は、税理士に聞くのが最も確実な方法です。ただし、特に行政書士が対応する場合は、面識のない税理士には聞きにくいという方もいるかもしれません。

③法人事業概況説明書で確認する

　法人税の確定申告書とともに税務署に提出する書類に、「法人事業概況説明書」というものがあります。この書類は、税務申告にあたり、会社の基本情報、決算書の数字、従業員数や経理の状況等を要約的にまとめたものです。

　このなかに「8 経理の状況」という欄があり、そのなかの（4）に、消費税の経理方式について「税抜」か「税込」かを丸印を付して申告する欄が設けられています。したがって、ここを見て消費税の税込・税抜を判断するのも1つの方法です。

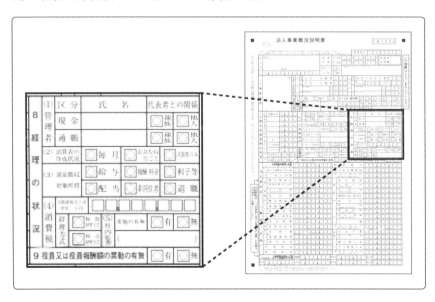

④消費税の確定申告書で確認する

　法人税申告書ではなく、消費税の確定申告書を見て、消費税の税

込・税抜を判断する方法です。これは、経営事項審査の際にも重要になってくるので、ぜひ覚えておいていただきたい方法です。

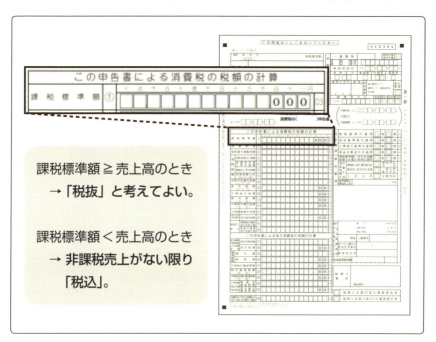

　消費税の確定申告書の税額計算の欄の一番左上に「①課税標準額」という記載欄があります。ここに記載されている金額は、売上の他に営業外収益等を含んだ収益の消費税抜きの金額です（千円未満は切捨て）。そこで、この「①課税標準額」の金額と「売上高」を比較して消費税の税込・税抜を判断します。
　上図にもあるように、判断基準は次のとおりです。

●課税標準額≧売上高のとき→税抜きと考えてよい
●課税標準額＜売上高のとき→非課税売上がない限り税込

　ただし、注意点が2つあります。1つは、新収益認識基準（工事進行基準）を採用している一方で、消費税は引渡時を基準として計算・申告している場合には、消費税抜きでも「課税標準額＜売上高」

となります。もう１つは、令和５年10月から始まったインボイス（適格請求書発行事業者）制度により、免税事業者が期中にインボイス登録した場合です。この場合、登録から期末までの売上が「課税標準額」の欄に記載されるため、この方法で判断することはできませんので、ご注意ください。

注記表２（6）その他Ｂ／Ｓ等の作成の基本となる重要な事項

「その他貸借対照表、損益計算書、株主資本等変動計算書、注記表作成のための基本となる重要な事項」については、決算書に特に記載がある場合にのみ記載すればよく、決算書に何も書いていない場合には「該当なし」とか「特にありません」と記載すればよいでしょう。ちなみに、よく見かけるのは次の「リース取引の処理方法」です。

リース取引の処理方法

　リース物件の所有権が借主に移転するもの以外のファイナンス・リース取引については、通常の賃貸借取引に係る方法に準じた会計処理によっています。

注記表のうち質問の多い113ページ表の「２　重要な会計方針」について１つずつ見てきました。注記表の記載は、許可要件や経審の点数につながるものではありませんが、金融機関や届出書類を閲覧した消費者・調査会社が「きちんとした会社だな」という印象をもってもらえるように社長自ら把握して記載することが大切です。

注記表３会計方針の変更

企業会計原則の１つに「**継続性の原則**」というのがあります。これは、会計処理や手続きのルールは毎期継続していくのが前提で、コロコロと変えてはいけません、という原則です。

会計処理を毎期変えてしまうと、容易に利益操作ができることに

なってしまうし、前期との比較もできずにステークホルダーが困ってしまうので、当然といえば当然です。

　したがって、会計方針を変更した場合には、その内容とその影響をきちんと注記表に明記することが求められています。

　たとえば、注記表2（1）で記載している「棚卸資産の評価方法」を先入先出法から総平均法に変えたときや、2（4）で収益の認識基準を工事完成基準しか適用していなかったものを新収益認識基準（工事進行基準）も適用することになったとき等に記載することになります。ただし、中小企業ではほとんどの場合が、

該当なし

ですんでしまうのが実情です。

　また、規模感のある公開会社や上場会社であれば、きちんと記載されている項目なので、転記すれば問題ありません。

注記表4 表示方法の変更

　注記表3の「会計方針の変更」と同様、過年度遡及会計基準の適用により設けられた注記項目です。

　難しい話は割愛しますが、会計方針は決算書を作成する過程での数字の算定方法であるのに対して、表示方法はその数字をどのような形で表示するかについてのルールということがいえます。

　たとえば、66ページで紹介した固定資産の記載方法が、直接法から一括間接控除法に変わったときや、いままでは売掛金に工事分と兼業分をまとめて記載していたものを、その重要性が増したために区別して記載するようにしたとき等に記載することになります。

　注記表3「会計方針の変更」の場合と同様、中小企業ではほとんどの場合が、

該当なし

ですんでしまいますし、規模感のある公開会社や上場会社であれば

きちんと記載されている項目なので、転記すれば問題ありません。

📄 注記表6 誤謬の訂正

「誤謬」（ごびゅう）とは「間違い」のことで、過去の決算書における間違いが見つかった場合に、それがどのような内容だったのか、その累積的影響額がどれくらいあるのか、について記載します。

大企業においては、平成23年（2011年）4月以降に開始した事業年度から「過年度遡及会計基準」が適用になり、過去の決算書における間違いを「前期損益修正益」や「前期損益修正損」という科目を使って修正処理することができなくなりました。

過年度分の修正処理は当期分の損益ではないので、損益計算書に載せるべきではないという考えにもとづいています。

そこで、この項目の記載がある場合は、株主資本等変動計算書の一番上にある「当期首残高」の下に「誤謬の訂正による累積的影響額」と「遡及処理後当期首残高」の2行を追加して、訂正する額を記載することになります。

		株	主			資		本			
			資 本 剰 余 金			利 益 剰 余 金					
							その他利益剰余金				株主
	資本金	新株式申込証拠金	資本準備金	その他資本剰余金	資本剰余金合計	利益準備金	積立金	繰越利益剰余金	利益剰余金合計	自己株式	資本合計
当期首残高										△	
誤謬の訂正による累積的影響											
遡及処理後当期首残高											
当期変動額											
新株の発行											

なお、この株主資本等変動計算書の記載方法については、前述した注記表3「会計方針の変更」についても同様のことがいえます（会計方針の変更の場合は、「会計方針の変更による累積的影響額」と記載します）。

このように誤謬の訂正は、大企業で適用されている基準であり、

中小企業において過去の決算書における間違いが見つかった場合には、「前期損益修正益」や「前期損益修正損」という科目を使って過年度の収益を修正処理することが、いまでも認められています。したがって、中小企業ではあまり記載する機会はない項目でしょう。

注記表9（1）事業年度末日における発行済株式の種類及び数

注記表9では、株主資本等変動計算書に関する事項を注記することになっています。注記表9の（1）では、決算日における発行済み株式の種類と数を記載します。発行可能株式総数ではありませんので、注意してください。大半の株式会社は普通株式だけだと思いますので、次のように記載します。

普通株式　：　　４００株

なお、会社法では、優先配当権をつけたり、逆に無配当を決めておいたり、役員選任権が付いていたりと、特別な権限や制限を付した株式（「種類株式」といいます）を設けることが認められています。その場合は次のように記載します。

普通株式　：１，０００株
甲種類株式：　　５００株
乙種類株式：　　１００株

普通株式にせよ種類株式にせよ、注記表に記載するうえでは、会社の履歴事項全部証明書で、「発行済株式の総数並びに種類及び数」を確認して記載するのが確実です。

注記表9（2）事業年度末日における自己株式の種類及び数

決算日において自己株式を保有していない場合には、

該当なし

でかまいません。自己株式を保有している場合には、その種類および数を記載します。

　自己株式の保有の有無については、貸借対照表の「純資産の部」にある「自己株式」に数字が入っているかで判断できますし、確定申告書の別表2の1欄「期末現在の発行済株式の総数又は出資の総額」の内書きに自己株式の数が記載されているので、こちらも併せて確認するとよいでしょう。

注記表9（3）剰余金の配当

　事業年度中に配当を行なった場合、および事業年度末日後に配当を行なうときの配当基準日が、当事業年度内のものがある場合には、配当を実施（予定を含む）した回ごとに、決議機関、配当原資、配当総額、1株当たりの配当額、配当基準日および効力発生日を記載します。

　配当回数が多いと、「前期決算にもとづく配当」「中間配当」「期末後の配当予定」の3つを記載することもあります。

　記載方法としては、記載要領にある「中小企業の会計に関する基本要領」および「中小企業の会計に関する指針」を参照すると、次のようになります。

　＜当該事業年度中に行なった利益剰余金の配当に関する事項＞
　　令和○年05月28日の定時株主総会にて決議

配当原資	利益剰余金
配当金の総額	5,000,000円
1株当たりの配当額	50円
配当基準日	令和○年03月31日
効力発生日	令和○年05月29日

　＜基準日が当期に属する配当のうち、配当の効力発生日が翌期となるもの＞
　　令和○年05月○日の定時株主総会にて決議

125

配当金の総額	10,000,000円
配当原資	利益剰余金
１株当たりの配当額	100円
配当基準日	令和○年03月31日
効力発生日	令和○年05月30日

　なお、会社計算規則第105条第３号においては、「配当財産が金銭である場合における当該金銭の総額」を記載することのみを求めています。こちらを根拠に、

> ５，０００千円

とだけ記載している注記表で可としている行政庁もあるようです。
　このへんのことについては行政庁によって求めるレベルが異なる可能性もありますが、前述のとおり、記載要領も法令の一部ですので、記載要領どおりの記載を心がけましょう。

注記表９（４）新株予約権の目的となる株式の種類及び数

　決算日において新株予約権がある場合には、その目的となる株式について次のように記載します。

> 普通株式　２０，０００株

　新株予約権を設定する会社は、それなりに規模感のある会社でしょうから、注記表についてもきちんと作成されているはずなので、そちらを参照してください。
　なお、新株予約権がない場合には、

> 該当なし

でかまいません。実務上もあまり見かけたことがなく、ほとんどが「該当なし」と記載されています。

注記表18その他

　注記表の１から17－２までに掲げた事項のほかに、貸借対照表、損益計算書および株主資本等変動計算書により、会社の財産または損益の状態を正確に判断するために必要な事項を記載することになっています。

　実務上もあまり見かけたことがなく、特筆すべき事項がなければ、

特にありません

と記載しておけば問題ありません。

割引手形・裏書手形があるときは注記表７（2）も記載

　多くの建設業者で記載が必須となる６項目を解説してきましたが、実はもう１つ、会社の種類を問わず経営事項審査を受ける場合に必須とされる項目があります。それは「７（2）保証債務、手形遡及債務、重要な係争事件に係る損害賠償義務等の内容及び金額」です。

　期末に受取手形割引高（割引手形）、受取手形裏書譲渡高（裏書手形）がある場合には、その額を次のように記載します。

受取手形割引高　　　２，０００千円
受取手形裏書譲渡高　１，０００千円

　割引手形や裏書手形については、法人税確定申告書の別表11（1の2）の一括評価金銭債権の明細欄や、貸借対照表の欄外の記載で確認することができます。

　注意が必要なのは、貸借対照表の流動負債のなかに「割引手形」「裏書手形」が科目として表示されているときです。この場合は、流動負債の「割引手形」「裏書手形」と、流動資産の「受取手形」を相殺して、「受取手形」にはその残額を記載し、「割引手形」と「裏書手形」の額は注記表７（2）に上記のように記載してください。

127

4-3

附属明細表の作成方法

附属明細表とは

まず、「附属明細表」のサンプルは、以下のとおりです。

様式第十七号の三（第四条、第十条関係） 　　　　　　　　　　　　　　　　（用紙Ａ４）

附 属 明 細 表

令和〇年３月31日現在

1　完成工事未収入金の詳細

相手先別内訳

相　手　先	金額（千円）
Ａ社	209,320
Ｂ社	195,682
Ｃ社	194,150
Ｄ社	173,593
Ｅ社	146,300
その他	5,487,237
計	6,406,283

滞留状況

発　生　時	完成工事未収入金
当期計上分	
前期以前計上分	
計	

貸借対照表の完成工事未収入金の額と一致します

2　短期貸付金明細表

相　手　先	金額（千円）
Ｆ社	270,000
計	270,000

貸借対照表の短期貸付金の額と一致します

3　長期貸付金明細表

相　手　先	金額（千円）
該当なし	
計	

貸借対照表の長期貸付金の額と一致します

4　関係会社貸付金明細表

関係会社名	期首残高	当期増加額	当期減少額	期末残高	摘　要
該当なし					
	千円	千円	千円	千円	
計					―

5　関係会社有価証券明細表

	銘柄	一株の金額	期首残高			当期増加額		当期減少額		期末残高			摘要
			株式数	取得価額	貸借対照表計上額	株式数	金額	株式	金額	株式数	取得価額	貸借対照表計上額	
株式	K1社	千円		千円	51,000千円		千円				千円	51,000千円	
	K2社			千円	61,282千円		千円					61,282千円	
	K3社			千円	0千円		208,547千円					208,547千円	
	計				111,282千円		208,547千円					320,830千円	

	銘柄	期首残高		当期増加額	当期減少額	期末残高		摘要
		取得価額	貸借対照表計上額			取得価額	貸借対照表計上額	
社債		千円	千円	千円	千円		千円	
		該当なし						
	計							
その他の有価証券		該当なし						
	計							

２つの合計は、貸借対照表の「関係会社株式・関係会社出資金」と一致します

6　関係会社出資金明細表

関係会社名	期首残高	当期増加額	当期減少額	期末残高	摘　要
該当なし					
	千円	千円	千円	千円	
計					―

7　短期借入金明細表

借　入　先	金額（千円）	返　済　期　日	摘　要
Kホールディングス	3,400,000		
計	3,400,000		

貸借対照表の短期借入金の額と一致します

8 長期借入金明細表

借 入 先	期首残高	当期増加額	当期減少額	期末残高(千円)	摘　　要
該当なし					
計				0	－

9 関係会社借入金明細表

関係会社名	期首残高	当期増加額	当期減少額	期末残高	摘　　要
Kホールディングス	3,400,000千円	千円	千円	3,400,000千円	
計					－

貸借対照表の長期借入金の額と一致します

10 保証債務明細表

相　手　先	金額（千円）
該当なし	
計	

この附属明細表（様式第17条の３）は、すべての法人に提出が義務づけられているわけではありません。建設業法施行規則により会社法上の小会社は対象から除外されている（同規則第10条第１号）ため、

資本金が１億円以下

　　かつ

当期の決算において貸借対照表の負債合計が200億円未満

の株式会社については、本書類を作成する必要はありません。

　したがって、建設業者の99％は提出義務がなく、かなり大きな会社のみが提出する書類といえます。

　附属明細表は、以下の10項目について、その相手先や金額等の詳細を記載する書類です。

● 完成工事未収入金

● 短期貸付金

● 長期貸付金

● 関係会社貸付金

● 関係会社有価証券

● 関係会社出資金

● 短期借入金

● 長期借入金

● 関係会社借入金

● 保証債務

　これらの項目について網羅的に記載するのはかなり大変な作業です。そこで、国土交通大臣に係る建設業許可事務の取扱い等を定めた「建設業許可事務ガイドライン」には、次のように規定されています。

金融商品取引法（昭和23年法律第25号）第24条に規定する有価証券報告書の提出会社にあっては、有価証券報告書の写しの提出をもって附属明細表の提出に代えることができます。

　つまり、ざっくりといってしまえば、国土交通大臣許可の上場会社については、附属明細表の代わりに有価証券報告書を提出すればよいことになっています。

　ただし、有価証券報告書は100ページ以上に及ぶことがほとんどなので、提出に際しては2ページを1枚に集約印刷したり、両面コピーをしたりして工夫しましょう。

　なお、都道府県知事許可においても有価証券報告書の写しで代用できるかについては、各行政庁にご確認ください。

4-4

事業報告書（任意書式）の作成方法

事業報告書とは

　「事業報告書」は、建設業施行規則で様式が定められていないため、任意の形式で作成することになります。

　また、株式会社のみに作成が求められており、有限会社や合同会社等の法人組織は作成する必要はありません。

　ふだんから建設業許可業務を扱っている行政書士は、業務ソフトを使用していると思いますので、その業務ソフトで用意しているひな形を使って作成すれば問題はありません。

　建設業者は、株主総会招集通知をきちんと作成しているのであれば、そこに記載した事業報告書で内容としては十分です。株主総会招集通知を省略していて、任意といわれても何を書いてよいかわからない場合には、大阪府や岡山県や宮崎県などのホームページで様式を用意してくれていますので、それを活用するのもよいでしょう。

　最後に、弊社で利用している業務ソフト「建設業.NET」「建設業クラウド」（株式会社クリックス）で用意されている事業報告書のひな形を次ページに紹介して、本章を締めくくりたいと思います。

〔事業及び会社の概要〕

千円

―― 当期の経営状況 ――

当座資産	131,912	完成工事高	262,205
未成工事支出金	14,362	完成工事総利益	79,987
流動資産	147,161	一般管理費	79,958
固定資産	23,346	材料費	1,707
負債・純資産	170,507	労務費	
未成工事受入金		外注費	171,808
流動負債	76,788	営業外収益	3,882
固定負債	47,982	支払利息	1,441
純資産	45,737	経常利益	12,405

―― 業 績 の 推 移 ――

区分	前期比較増減率	前期	当期
完成工事高	21%	215,208	262,205
当期純利益	46%	654	957
資本金額	0%	25,000	25,000
一人当完工高	21%	21,520	26,220
一般管理費	9%	72,743	79,958
一株利益（円）	46%	1,309	1,915

※一株利益は税引後

〔説明〕

個人事業の
建設業財務諸表の作成方法

個人事業者は青色申告にしているかどうかで違ってきます。

5-1

個人事業様式（第18、19号）特有の勘定科目

特有の勘定科目にはどんなものがあるか

　2章から4章では、法人の建設業財務諸表について解説してきました。本章では、個人事業の建設業財務諸表について、簡単に触れておきます。

　個人事業の建設業財務諸表といっても、基本的には法人に準じた記載が求められています。

　したがって、法人の建設業財務諸表の作成方法について解説した2章・3章の内容は、個人事業においてもほぼそのまま活用することができます。

　個人事業の建設業財務諸表の記載要領を見ると、貸借対照表の5％ルールや損益計算書の10％ルールについての記載が法人と同様にありますし、勘定科目の分類についても一部を除いては「法人の勘定科目の分類によること」と記載されています。

　個人事業の場合の貸借対照表と損益計算書のサンプルは以下のとおりです。

様式第十八号（第四条、第十条、第十九条の四関係）

貸　借　対　照　表

令和　○年　12月　31日　現在

（商号又は名称）アニモ工務店

千円

資　産　の　部

Ⅰ　流　動　資　産
　現金預金 ⋯⋯⋯ 6,917

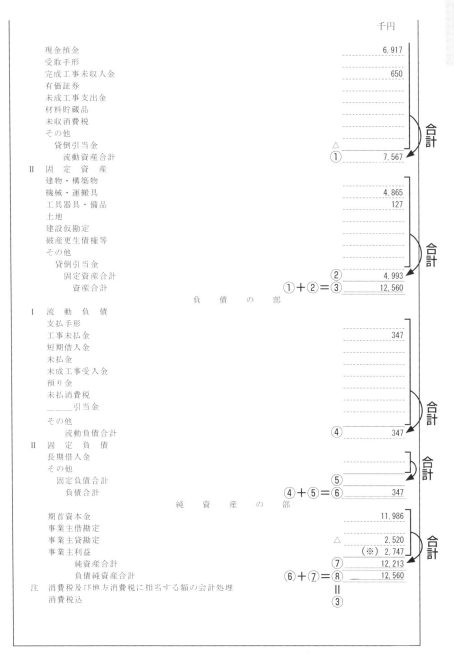

様式第十九号（第四条、第十条、第十九条の四関係）

損 益 計 算 書

自 令和 ○年 1月 1日
至 令和 ○年 12月 31日

（商号又は名称）アニモ工務店

千円

I 完 成 工 事 高	⑨	21,700
II 完 成 工 事 原 価		
材 料 費	2,780	
労 務 費		
（うち労務外注費	）	
外 注 費	8,349	合計
経 費	473	→ ⑩ 11,604

⑨－⑩＝⑪ 10,095

III 販売費及び一般管理費
　従業員給料手当
　退 職 金
　法 定 福 利 費
　福 利 厚 生 費
　修 繕 維 持 費
　事 務 用 品 費
　通 信 交 通 費　　　　　521
　動力用水光熱費　　　　554
　広 告 宣 伝 費　　　　　147
　交 際 費　　　　　　　2,288
　寄 付 金
　地 代 家 賃　　　　　　181
　減 価 償 却 費　　　　1,273
　租 税 公 課　　　　　2,095
　保 険 料　　　　　　　703
　その他経費　　　　　1,125　合計
　雑 費　　　　　　　　826　→ ⑫ 9,718
　営業利益（営業損失）　⑪－⑫＝⑬ 377

IV 営 業 外 収 益
　受取利息及び配当金
　雑 収 入　　　　　　2,370　合計
　そ の 他　　　　　　　→ ⑭ 2,370

138

　法人の建設業財務諸表の作成方法がほぼそのまま活用できるとはいえ、貸借対照表の一部で、個人事業特有の勘定科目が使われています。

　まず、貸借対照表については、資産の部と負債の部は法人と同様ですが、「純資産の部」は個人事業特有の表示になっています。

```
                    純　資　産　の　部
        期首資本金                                      11,986
        事業主借勘定                                    ………
        事業主貸勘定                              △     2,520
        事業主利益                                       2,747
            純資産合計                                  12,213
            負債純資産合計                              12,560
    注　消費税及び地方消費税に相当する額の会計処理
        消費税込
```

● **期首資本金**

　前期末の純資産合計をそのまま記載します。確定申告書に添付する貸借対照表では、「元入金」と記載されています。

● **事業主借勘定**

　事業主が事業外資金から事業のために調達した金額を記載します。

● **事業主貸勘定**

　事業主が事業資金から自身の生活費等として使用した額を記載し

139

ます。

●事業主利益

当期の利益のことで、法人の「当期純利益」に該当します。損益計算書の「事業主利益」と一致します。

●純資産合計

法人の純資産（自己資本）と同等の取扱いとするために、「期首資本金＋事業主借勘定－事業主貸勘定＋事業主利益（損失）」という形で純資産合計を算出するしくみになっています。

次年度の建設業財務諸表では「期首資本金」として記載します。

5-2 55万円(電子申告の場合は65万円)控除の青色申告を行なっている場合

建設業財務諸表への誤記載に要注意

　個人事業の場合、55万円控除(提出期限までにe-Taxを使って確定申告を行なった場合は65万円。以下同じ)ができる「**青色申告**」で確定申告を行なっている場合と行なっていない場合とで、建設業財務諸表の作成方法が変わってきます。

　55万円控除が適用できる青色申告は、白色申告と比べて多くのメリットがありますが、「**青色申告承認申請書**」を事前に税務署に提出すること、複式簿記で記帳することが条件とされています。

　また、55万円控除を適用するためには、貸借対照表と損益計算書を作成して、確定申告書に添付することになっているので、建設業財務諸表の作成にあたっても2章から4章で解説した法人向けの内容がそのまま活用できます。

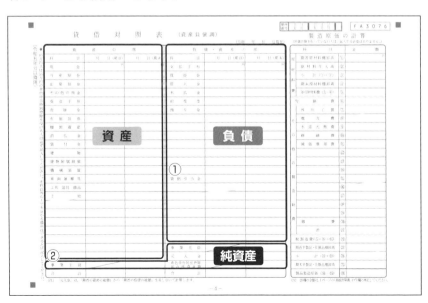

本項では、個人事業の建設業財務諸表を記載する際に誤りが多い箇所を5点紹介しておきましょう。

【①貸倒引当金を記載する場所】
確定申告書に添付する貸借対照表では、「**貸倒引当金**」が右側（負債）に記載されていますが（前ページの貸借対照表の①の箇所）、2章でも触れたとおり、個人事業の建設業財務諸表では資産の部にマイナス表示で記載します。

【②事業主貸を記載する場所】
確定申告書に添付する貸借対照表では、「**事業主貸**」が左側（資産）に記載されていますが（前ページの貸借対照表の②の箇所）、個人事業の建設業財務諸表では純資産の部にマイナス表示で記載します。

【③事業主利益は特別控除前の所得金額】
個人事業の建設業財務諸表の「**事業主利益**」は、確定申告書に添付する損益計算書の「**青色申告特別控除前の所得金額**」が該当しま

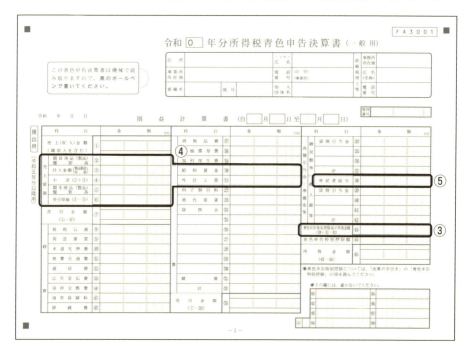

す（前ページの損益計算書の③の箇所）。

損益計算書の最後にある「所得金額」の欄に記入した金額ではないので注意が必要です。

【④経費のなかに入っている工事原価】

確定申告書に添付する貸借対照表では、売上原価の項目には「仕入金額」しか記載されておらず、これは建設業財務諸表では材料費に該当することが一般的です。

気をつけたいのは労務費と外注費で、これらは経費の項目のなかに入ってしまっていて、それぞれ「**給料賃金**」と「**外注工賃**」と記載されています（前ページの損益計算書の④の箇所）。

また、個人事業特有の労務費に該当する可能性のある科目として「**専従者給与**」（前ページの損益計算書の⑤の箇所）もあります。

3章で説明したように、建設業財務諸表では完成工事原価を4つの費用で記載する必要があるので、工事原価なのか経費なのかを確認したうえで、適切な科目に振り替える必要があります。

【⑤兼業事業売上がある場合の記載】

個人事業の財務諸表には兼業事業について記載する欄が設けられていませんが、記載要領には次のとおり記載されています。

5　建設業以外の事業（以下「兼業事業」という。）を併せて営む場合において兼業事業における売上高が総売上高の10分の1を超えるときは、兼業事業の売上高及び売上原価を建設業と区分して表示すること。

つまり、兼業事業売上高が総売上高の10％超の場合は、兼業事業売上原価および兼業事業総利益とともに明示することを求めています。しかし、法人と同様に、総売上高の10％以下の場合でも、兼業事業売上高、兼業事業売上原価および兼業事業総利益を工事分とは区別し、明示しておきましょう。

5-3 10万円控除の青色申告または白色申告の場合

白色申告の場合は「収支内訳書」

　10万円控除を適用する青色申告の場合と白色申告の場合でも、損益計算書（白色申告の場合は「収支内訳書」）の添付は必要なので、前項で紹介した損益計算書に関わる④については、10万円控除の青色申告や白色申告でも気をつけたいポイントです。

　さらに気をつけたいのは「**事業主利益**」で、10万円控除の青色申告の場合は、前項の③については55万円控除の場合と同じですが、白色申告の場合は収支内訳書の「**専従者控除前の所得金額**」が「事業主利益」になります（下図を参照）。

　白色申告の専従者控除は、所得控除であって費用科目である「給

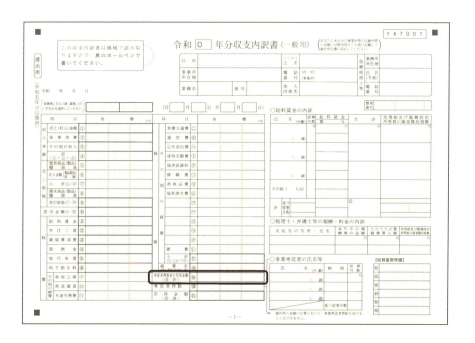

料手当」ではありませんので、注意が必要です。

現金主義による場合の注意点

　問題は、添付義務がないためにまず作成されていない貸借対照表です。

　会計処理を発生主義で行なっているのであれば、請求書を発行したけれども12月末日時点でまだ入金されていない金額を「完成工事未収入金」（売掛金）とし、請求書を受け取ったけれども12月末日時点でまだ支払いを済ませていない金額を「工事未払金」（買掛金）として計上することで、貸借対照表を作成することになります。

　しかし現実的には、10万円控除の青色申告や白色申告の場合の損益計算書は、単式簿記ゆえの現金主義で作成されていることがほとんどです。

　会計処理を現金主義で行なっている場合には、実際に現金が動いてはじめて売上や費用に計上するため、完成工事未収入金や工事未払金等の勘定科目が計上されることはありません。

　したがって、現金主義の場合には事業用の現預金残高、借入れがある場合は事業用の借入残高および「損益計算書（収支内訳書）」の裏面にある「減価償却費の計算」欄の未償却残高等の明らかな確認資料を根拠にして、貸借対照表を作成することが合理的な方法だと思われます。

　また、資産合計と負債純資産合計の差額を「現金預金」で調整しているケースが見受けられますが、決算期末の現金預金残高が後から変動することはありませんので、事業主貸または事業主借で調整するのが正しい方法です。

　個人事業の場合、法人と比べて帳簿類や証憑書類が整理されていないことが多いので、このような形で建設業財務諸表を作成することになりますが、帳簿類や証憑書類がきちんと整っている場合には、それにもとづいて作成することは言うまでもありません。

145

なにより、正しく原価を把握することは、事業を拡大し、売上を増やすための最初の一歩です。青色申告の場合に、まだ55万円または65万円の特別控除を受けていない方は、複式簿記による記帳をオススメします。

6章

経営事項審査を受ける場合の
建設業財務諸表

経審を受ける際には
特に注意することが
あります。

6-1

経営事項審査用の
建設業財務諸表作成のルール

📄 経営事項審査とは

　前章まで、すべての建設業者・行政書士が押さえておくべき建設業財務諸表の勘定科目と作成方法を解説してきました。

　本章では、より精査が必要な「**経営事項審査**」（経審）を受ける場合の建設業財務諸表の作成方法と、経営状況分析（Ｙ点）の８指標について解説していきます。

　経営事項審査は、公共工事の受注をめざす建設業者に義務づけられている審査です（建設業法第27条の23第１項）。

　特殊な場合を除いて決算日を審査基準日とし、経営状況、経営規模、技術的能力等を評価して点数（総合評定値Ｐ点）を算出します。"建設業者の通信簿" ということができ、公正かつ公平な入札環境を整えるために、公共工事はもちろんのこと、独立行政法人や公社等の特殊法人の工事や民間工事の公募においても、「客観的評価」として広く採用されています。

　この経営事項審査の評価項目の１つとなっているのが財務状況を確認する「**経営状況分析**」（**Ｙ点**）です。

　経営状況分析は、決算書ではなく、建設業財務諸表の科目等の数値を参照して計算されるため、前章まで解説してきた内容と、これから解説するそれぞれの指標で、どの科目等が評価の対象になっているのかをきちんと理解することで、より正確に建設業財務諸表を作成できるのはもちろんのこと、ただ転記するよりも経営状況分析を自社に有利に進めることができるようになります。

　なお本書では、各指標について解説していますが、各指標の改善策や点数アップ策については、私の既刊書籍『中小建設業者のため

148

の「公共工事」受注の最強ガイド』（アニモ出版）をご覧いただければ幸いです。

ルール①：経審用の建設業財務諸表は税抜で！

これは基本的なルールですが、経審用の建設業財務諸表は「消費税抜」で作成し、流動負債の「未払消費税」または流動資産の「未収消費税」を必ず計上・明示しなければなりません。

ただし、消費税の確定申告をしていない免税事業者は、消費税込で可とされています。なお、免税事業者の場合は、注記表や表紙等に「免税のため消費税込」と記載しておきます。

決算書が消費税抜なのか消費税込なのかの見分け方については、4－2項「注記表の作成方法」で説明したので、ここでは消費税込で作成している決算書を、消費税抜の建設業財務諸表に変換する方法を解説します。

決算書を消費税込で作成している場合でも、基本的には税理士に消費税抜の決算書を用意してもらうのが一番楽で確実です。しかし、税理士の協力が得られない場合には、以下の手順によって変換していきます。

【消費税込→消費税抜に変換する方法】

①損益計算書（完成工事原価報告書および兼業事業売上原価報告書を含む）における消費税額を計算します。消費税の課税取引か否かについては、個人事業向けではありますが、国税庁ホームページに「消費税課税取引の判定表」が掲載されているので（次ページ参照）、そちらを参考にしてください。

②収入については「預かった消費税」、支出については「支払った消費税」がそれぞれ計算されるので、これを引き算します。通常は預かった消費税のほうが多くなります（大きな買い物をした等の事情があると、支払った消費税のほうが大きくなることがあり

149

◎消費税課税取引の判定表（国税庁ＨＰより抜粋）◎

<table>
<tr><th colspan="2">科　目</th><th>課否</th><th>課税取引（課税売上げ・課税仕入れ）に
ならないもの</th></tr>
<tr><td colspan="2">売上（収入）
金額
（雑収入を含む）</td><td>△</td><td>【非課税となるもの】
　社会保険診療収入、商品券等の販売代金、
　土地売却代金、受取利息、住宅家賃
【消費税の対象とならないもの】
　保険金、国外取引収入、対価性の
　ない補助金
【免税となるもの】
　輸出取引等収入</td></tr>
<tr><td rowspan="6">売上原価</td><td>期首商品棚卸高</td><td>×</td><td>（注）</td></tr>
<tr><td>仕入金額</td><td>△</td><td>土地購入代金、商品券等仕入金額、
運送保険料</td></tr>
<tr><td>小　計</td><td></td><td></td></tr>
<tr><td>期末商品棚卸高</td><td>×</td><td>（注）</td></tr>
<tr><td>差引原価</td><td></td><td></td></tr>
<tr><td colspan="2">差引金額</td><td></td><td></td></tr>
<tr><td rowspan="17">経費</td><td>租税公課</td><td>△</td><td>事業税、印紙税、固定資産税、自動車税、
同業者団体・商店会等の通常会費</td></tr>
<tr><td>荷造運賃</td><td>△</td><td>国際運賃</td></tr>
<tr><td>水道光熱費</td><td>○</td><td></td></tr>
<tr><td>旅費交通費</td><td>△</td><td>海外渡航費・滞在費</td></tr>
<tr><td>通信費</td><td>△</td><td>国際通信・国際郵便料金</td></tr>
<tr><td>広告宣伝費</td><td>△</td><td>プリペイドカード等の購入費</td></tr>
<tr><td>接待交際費</td><td>△</td><td>慶弔費・餞別などの現金支出、商品券・
ビール券・プリペイドカード等の購入費</td></tr>
<tr><td>損害保険料</td><td>×</td><td>全て課税仕入れになりません。</td></tr>
<tr><td>修繕費</td><td>○</td><td></td></tr>
<tr><td>消耗品費</td><td>○</td><td></td></tr>
<tr><td>減価償却費</td><td>×</td><td>全て課税仕入れになりません。
（減価償却資産の購入代金は課税仕入れ）</td></tr>
<tr><td>福利厚生費</td><td>△</td><td>健康保険料などの法定福利費、慶弔費
（慰安旅行費等は課税仕入れ）</td></tr>
<tr><td>給料賃金</td><td>△</td><td>給料・賞与・退職金（通勤手当は課税仕入れ）</td></tr>
<tr><td>外注工賃</td><td>○</td><td></td></tr>
<tr><td>利子割引料</td><td>×</td><td>全て課税仕入れになりません。</td></tr>
<tr><td>地代家賃</td><td>△</td><td>地代、住宅家賃</td></tr>
<tr><td>貸倒金</td><td>×</td><td>（注）別途、貸倒れに係る税額控除の対象と
なります。</td></tr>
<tr><td>支払手数料</td><td>△</td><td>登記・免許・特許等の法令に基づく行政
手数料</td></tr>
</table>

ます）。

③上記②で生じた差額を営業外収益（「消費税差額」としてその他扱い）にいったん計上します。もし支払った消費税のほうが大きい場合には、営業外費用に計上します。

④ここで、決算書が現金主義の場合（貸借対照表に未払消費税が計上されていない場合）には、上記②で計算した金額（正確には、消費税確定申告書の項番㉖「消費税及び地方消費税の合計税額」）を貸借対照表の未払消費税に計上するとともに、同じ金額を損益計算書の租税公課に計上して、発生主義に切り替えます。

⑤消費税額が「租税公課」に含まれているので、租税公課と営業外収益を相殺します。

📄 ルール②：当期分の税金は当期の建設業財務諸表に必ず載せる

① 未払法人税が計上されていないときの処理

　本来であれば、税務申告の決算書の段階で、未払法人税は計上処理されているのが望ましいのですが、税理士にも税理士の考えがあると思います。しかし、処理を変えてもらえるようであれば変えてもらい、変えてもらえなかったとしても、これから説明する処理を行なって、建設業財務諸表を正しく作成しましょう。

　企業会計原則では、「すべての費用及び収益は、その支出及び収入に基づいて計上し、その発生した期間に正しく割り当てられるように処理しなければならない」とされており、いわゆる「**発生主義**」を原則とする旨が示されています。

　この点、税務申告の決算書では、前期の確定納税額および当期の中間納税額を「法人税、住民税及び事業税」または「租税公課」として費用処理をする、いわゆる「**現金主義**」を採用しているケースをしばしば見かけます。

◎税務決算書で「法人税、住民税及び事業税」が計上されていない場合の修正処理の手順◎

税務申告の決算書で、「法人税、住民税及び事業税」が計上されていない場合には、経営状況分析を申請するための財務諸表の作成上、以下の手順に従って、修正処理を行なってください。

別表5 (2) 租税公課の納付状況等に関する明細書

科目及び事業年度	期首現在未納税額	当期発生税額	当期中の納付税額			期末現在未納税額
			充当金取崩しによる納付	仮払経理による納付	損金経理による納付	
	①	②	③	④	⑤	⑥
都道府県民税	20,000	20,000	0	0	20,000	20,000
市区町村民税	50,000	50,000	0	0	50,000	50,000

（③欄に❶、⑥欄に❷）

[貸借対照表]

	税務決算書	申請用財務諸表
負債の部		
支払手形	...	...
...		
未払法人税等	0 ❶	70,000 ❷
流動負債計	100,000	170,000
固定負債計	200,000	200,000
負債合計	300,000	370,000
純資産の部		
繰越利益剰余金	150,000	80,000 ❺
利益剰余金合計	150,000	80,000
株主資本合計	5,150,000	5,080,000
純資産合計	5,150,000	5,080,000
負債純資産合計	5,450,000	5,450,000

[損益計算書]

	決算書			建設業財務諸表	
売上高	…			…	
売上原価	500,000			500,000	
売上総利益	500,000			500,000	
販売費及び一般管理費					
租税公課	70,000		↑	0	❹
…	…			…	
営業利益	230,000		↑	300,000	
…	…			…	
経常利益	230,000		↑	300,000	
…	…			…	
税引前当期純利益	230,000		↑	300,000	
法人税、住民税及び事業税	0 ❶		↑	140,000	❸❹
当期純利益	230,000		↑	160,000	❺

❶税務申告の決算書で「未払法人税等」が0、「法人税、住民税及び事業税」が0であることを確認し、税金を発生させる処理が必要であることを認識します。

❷別表5（2）⑥欄「期末現在未納税額」を見ると、合計70,000円が未納になっているので、これを建設業財務諸表の「未払法人税等」に計上します。

❸別表5（2）②欄「当期発生税額」を見ると、当期発生税額の合計金額70,000円が記載されているので、これを建設業財務諸表の損益計算書の「法人税、住民税及び事業税」に計上します。

❹別表5（2）⑤欄「損金経理による納付」を見ると、合計70,000円が計上されていますが、決算書の「法人税、住民税及び事業税」の記載が0なので、これは過年度分の法人税等を「租税公課」で費用処理しているものと考えられます。そこで、これを「法人税、住民税及び事業税」に振り替えて、法人税、住民税及び事業税は上記❸と併せて140,000円になります。

❺建設業財務諸表に決算書よりも70,000円多く費用計上したため、当期純利益が70,000円減り、その分、繰越利益剰余金も70,000円少なくなっています。

しかし、建設業財務諸表では、当期に確定して翌期に納付する税額は「発生主義」により、当期分として費用処理をしなければなりません。現実に税金を計算するのは決算を締めた後ですが、決算を終えた時点で瞬間的に利益が確定し、ポンっと当期分の税金が発生するので、その分を当期分の発生税額として建設業財務諸表に載せるというイメージです。

　このことは、勘定科目の告示にも次のように記載されています。

> 当該事業年度の税引前当期純利益に対する法人税等（中略）の額並びに法人税等の更正、決定等による納付税額及び還付税額

　この点、経営状況分析機関によっては、「法人税、住民税及び事業税」や「未払法人税等」が計上されていなくても可としている分析機関がありますが、企業会計原則の観点からも告示に照らしても誤りです。

　計上すべき税金（費用）を計上しないと、計上したときよりも当期純利益が多くなってしまうため、正しい建設業財務諸表とはいえません。金額によっては、経営状況分析（Y点）はもちろん、経審の点数（P点）にも影響してくるので、虚偽申請になりかねません。

　税務申告の決算書で、発生主義により税額が計上されていない場合は、法人税の確定申告書「別表5（2）」や地方税の申告書等を見ながら、建設業財務諸表に翻訳する際に税額を計上し直さなければなりませんが、別表5（2）の記載方法は税理士によってさまざまで、処理が煩雑になってしまいます。

　ここではよくあるケースとして、損益計算書に「法人税、住民税及び事業税」が計上されていない（同時に、貸借対照表の「未払法人税等」も計上されていない）場合の修正処理の手順について説明していきます（152、153ページの図を参照）。

①税務申告の決算書で「未払法人税等」が0、「法人税、住民税及び事業税」が0であることを確認し、税金を発生させる処理が必要であることを認識します。

②別表5（2）の⑥欄「期末現在未納税額」を見ると、当期末時点での未納税額＝未払法人税等の金額（ここでは合計70,000円）が記入されているので、これを建設業財務諸表の貸借対照表「未払法人税等」に計上します。

③別表5（2）の②欄「当期発生税額」を見ると、当期発生税額の合計金額（ここでは合計70,000円）が記入されているので、これを建設業財務諸表の損益計算書「法人税、住民税及び事業税」に計上します。

④別表5（2）の⑤欄「損金経理による納付」を見ると、合計70,000円が計上されていますが、決算書の「法人税、住民税及び事業税」には計上されていないので、これは過年度分の法人税等が「租税公課」で費用処理しているものと考えられます。そこで、「租税公課」から70,000円をマイナスします。このままでもかまわないのですが、販管費の租税公課からマイナスすることで営業利益と経常利益がプラスになり、点数的に有利になります。租税公課でマイナスした過年度分の法人税等（ここでは70,000円）を「法人税、住民税及び事業税」に計上します。前述の③と合わせて、「法人税、住民税及び事業税」の合計は140,000円となります。

　以上で損益計算書に「法人税、住民税及び事業税」が計上されていない（同時に、貸借対照表の「未払法人税等」も計上されていない）場合の修正処理は完了です。図を見てわかるとおり、当期発生税額70,000円の分、決算書よりも建設業財務諸表のほうが、当期純利益がマイナスになっています（230,000円→160,000円）。これを受けて、貸借対照表の繰越利益剰余金も150,000円→80,000円となります。税務上は現金主義でも発生主義でも認められていますが、建設業財務諸表では発生主義で統一されているため、まさに"翻訳"

が必要になる典型的なケースといえます。

　なお、気をつけなければならないのは翌期の修正処理です。翌期の決算書には当期分の70,000円が別表5（2）の⑤欄「損金経理による納付」として計上されます。しかし、建設業財務諸表においてはすでに当期で費用処理済みなので、その分を翌期でマイナスする必要がありますので、忘れないように注意してください。

② 建設業財務諸表には仮払税金を載せてはならない

　もう1つ、税金がらみのルールについて紹介しましょう。それは、建設業財務諸表には「仮払税金」は載せてはならないというものです。

　決算書に仮払税金を載せている場合は、2つあります。1つは、翌期に還付される税金を仮払税金として計上しているケース、もう1つは、当期発生税額として発生主義により費用処理すべき税金を流動資産に残しているケースです。前者は、仮払税金を未収還付法人税等と科目名を変更するだけでよいのですが、後者の場合は本来、費用処理すべきものを処理しないで、利益を多く見せることになるため粉飾決算になりかねません。

　ここでは、損益計算書に「法人税、住民税及び事業税」が計上されていない（同時に、貸借対照表の「未払法人税等」も計上されていない）場合の修正処理の手順について説明していきます（157〜159ページの図を参照）。

①税務申告の決算書で、「仮払税金」がある（ここでは1,250,000円）ことを確認します。ときには「仮払金」に合算されていることもあるので、注意が必要です。

②別表5（2）の④欄「仮払経理による納付」を見ると、未収還付法人税等ではなく、当期に中間納税した分であることがわかります（未収還付法人税等の場合は⑥欄に△表示されます）。

③仮払税金が中間納税分であることがわかったので、建設業財務諸

◎仮払税金を「法人税、住民税及び事業税」に振り替える場合◎

別表5（1）利益積立金及び資本金等の額の計算に関する明細書

区分	期首現在 利益積立金額	当期の増減		差引翌期首現在 利益積立金額
		減	増	
	①	②	③	④
仮払税金		△ 1,250,000		△ 1,250,000
繰越損益金	4,000,000	4,000,000	7,000,000	7,000,000
納税充当金				
未納法人税	△ 1,500,000	△ 2,250,000	△ 2,000,000	△ 1,250,000
未納都道府県民税	△ 100,000	△ 150,000	△ 150,000	△ 100,000
未納市区町村民税	△ 300,000	△ 450,000	△ 400,000	△ 250,000

別表5（2）租税公課の納付状況等に関する明細書

科目及び事業年度		期首現在 未納税額	当期発生 税額	当期中の納付税額			期末現在 未納税額
				充当金取崩し による納付	仮払経理に よる納付	損金経理に よる納付	
		①	②	③	④	⑤	⑥
法人税		1,500,000				1,500,000	
	中間		750,000		750,000		
	確定		1,250,000				1,250,000
都道府県民税		100,000				100,000	
	中間		50,000		50,000		
	確定		100,000				100,000
市区町村民税		300,000				300,000	
	中間		150,000		150,000		
	確定		250,000				250,000
事業税			600,000			600,000	
	中間		300,000		300,000		

※法人事業税納税証明書の確定税額800,000（または都道府県民税申告書（様式第6号）の未納税
　額500,000）

【貸借対照表】

	税務決算書		申請用財務諸表
資産の部			
現金預金	・・・		・・・
・・・	・・・		・・・
仮払税金	1,250,000 ❶	→	0 ❸
・・・	・・・		・・・
流動資産計	20,000,000	→	18,750,000
・・・	・・・		・・・
固定資産計	10,000,000		10,000,000
・・・	・・・		・・・
繰延資産計	500,000		500,000
資産合計	30,500,000	→	29,250,000
負債の部			
支払手形	・・・		・・・
・・・	・・・		・・・
未払法人税等	0	→	2,100,000 ❹
・・・	・・・		・・・
流動負債計	13,500,000	→	15,600,000
・・・	・・・		・・・
固定負債計	5,000,000		5,000,000
負債合計	18,500,000	→	20,600,000
純資産の部			
・・・	・・・		・・・
繰越利益剰余金	7,000,000	→	3,650,000 ❼
利益剰余金合計	7,000,000	→	3,650,000
・・・	・・・		・・・
株主資本合計	12,000,000	→	8,650,000
・・・	・・・		・・・
純資産合計	12,000,000	→	8,650,000
負債純資産合計	30,500,000		29,250,000

【損益計算書】

売上高	・・・		・・・	
売上原価	・・・		・・・	
売上総利益	15,000,000		15,000,000	
販売費及び一般管理費				
租税公課	2,800,000	→	300,000	❻
・・・	・・・		・・・	
営業利益	3,000,000	→	5,500,000	
・・・	・・・		・・・	
経常利益	3,000,000	→	5,500,000	
・・・	・・・		・・・	
税引前当期純利益	3,000,000	→	5,500,000	
法人税、住民税及び事業税	0	→	5,850,000	❺❹❸
当期純利益	3,000,000	→	− 350,000	❼

【株主資本等変動計算書】

	繰越利益剰余金	繰越利益剰余金	
前期末残高	4,000,000	4,000,000	
当期純利益	3,000,000	− 350,000	
当期末残高	7,000,000	3,650,000	❼

❶税務申告の決算書で、「仮払税金」がある（ここでは1,250,000円）ことを確認します。ときには「仮払金」に合算されていることもあるので、注意が必要です。

❷別表5（2）④欄「仮払経理による納付」を見ると、未収還付法人税等ではなく当期の中間納付した分であることがわかります（未収還付法人税等の場合は⑥欄に△表示されます）。

❸仮払税金が中間納付分であることがわかったので、決算書の貸借対照表から「仮払税金」を0にし、その分の金額（1,250,000円）を「法人税、住民税及び事業税」へ計上します。

❹税務申告の決算書で「未払法人税等」が0のため、別表5（2）⑥欄「期末現在未納税額」から1,600,000円と、都道府県民税申告書（ここでは便宜上、欄外に記載）で未納となっている500,000円との合計2,100,000円を、建設業財務諸表の「未払法人税等」に計上します。

❺別表5（2）②欄「当期発生税額」を見ると、当期発生税額の合計金額1,600,000円と、期末に発生した都道府県民税500,000円との合計2,100,000円を、建設業財務諸表の損益計算書の「法人税、住民税及び事業税」に計上します。

❻別表5（2）⑤欄「損金経理による納付」を見ると、合計2,500,000円が計上されていますが、決算書の「法人税、住民税及び事業税」の記載が0なので、これは過年度分の法人税等を「租税公課」で費用処理しているものと考えられます。そこで、これを「法人税、住民税及び事業税」に振り替えて、「法人税、住民税及び事業税」は上記❸と❺と併せて合計5,850,000円になります。

❼建設業財務諸表に決算書よりも3,350,000円多く費用計上したため、当期純利益が▲350,000円になり、その分、繰越利益剰余金も少なくなっています。

表の貸借対照表の「仮払税金」を０にし、その分の金額を損益計算書の「法人税、住民税及び事業税」へ計上します。

④これまで発生させていなかった損金が発生したため、「当期純利益」がその分マイナスになっており、ここでは3,000,000円→△350,000円になっています。

⑤当期純利益の減額を受けて、貸借対照表の「繰越利益剰余金」も減っています。これにより自己資本が目減りしますし、場合によっては特定建設業の財産要件を割ってしまうこともあり得ます。

　以上で仮払税金を当期分の発生税額として建設業財務諸表に載せる修正処理は完了です。なお、 1 の場合と同様に、翌期の修正処理にも気をつける必要があります。翌期の決算書では、「租税公課」または「法人税、住民税及び事業税」として計上されますが、建設業財務諸表においてはすでに当期に費用処理済みなので、その分を翌期にマイナスする必要があります。

　なお、仮払税金については以前に私のＸ（旧Twitter）で、税理士へのお願いとして、「公共工事を受注している・受注をめざしている建設業者の決算書では、法人税等の中間納付分を『仮払税金』として残さぬようお願いします。経審の際に、法人税、住民税及び事業税として計上する必要があり、当期純利益が変わってしまうためです。場合によっては、赤字に転じることも…」とつぶやいたことがありました。すると、「そんなことあるか？　見たことがない」「理由はわかるが気持ちが悪い…」という反応をいただきました。

　多くの税理士や公認会計士は、還付予定額を仮払税金としているだけで、期末に損金処理すべきものはきちんと処理しているから、そういった反応をしたのだと思います。たしかに、それは税務上も会計上も正しい処理なのですが、中間納付分が仮払税金として残っている決算書が現実にあるのです。

　余談ですが、税金についての修正処理が必要なケースがあると学

んだことから、「決算書と建設業財務諸表は別モノ」「建設業財務諸表の作成は"翻訳"である」という考えが私のなかに生まれました。税務上は認められているものでも、建設業財務諸表では認められないのであれば、決算書から転記するのではなく、細部を把握することでお客様にとって有利な建設業財務諸表をつくることができるのではないか、と思ったのです。

国の推し進めるデジタルガバメント実行計画のなかでは、行政に一度提出した情報は別の行政を含め二度提出することは不要とする「ワンスオンリーの原則」というものがあります。これを受けてか書類の簡素化の一環で、令和2年度から測量業の業務報告では測量業独自の様式の財務諸表が不要となりました。他の許認可でも同じような動きが出てきており、建設業財務諸表も例外ではありません。

しかし、1章でも説明しましたが、決算書と建設業財務諸表は違うものなのです。また、経審における客観的な評価のベースとなる建設業財務諸表は、公正かつ公平な基準で作成されなければ意味がありません。令和5年1月から、建設業の許認可と経審の電子申請が始まりましたが、「決算書と建設業財務諸表は別モノ」であることは言い続けていきたいと思います。

📄 ルール③：兼業事業売上原価報告書を作成する

「兼業事業売上原価報告書」（様式第25号の12）のサンプルは次ページのとおりです。

この報告書は、経営状況分析を受ける際、工事以外の兼業事業売上がある場合に必要になる様式です。兼業事業売上がない場合は、当然に原価もゼロなので作成する必要はありません。

許可申請や毎年の決算変更届ではまず使用しないので、なじみがないかもしれませんが、本項で簡単に触れておきます。

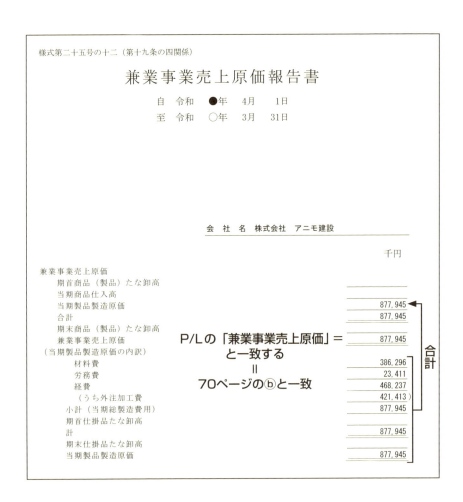

●期首商品（製品）たな卸高

期首に保有している商品・製品在庫の金額を記載します。前期の兼業事業売上原価報告書の「期末商品（製品）たな卸高」と一致します。

●当期商品仕入高

兼業事業として小売業や卸売業等の物品販売を行なっている場合に、期中に売れたか売れなかったかにかかわらず、販売する目的で当期の1年間に他社から購入した商品の合計金額を記載します。

● 当期製品製造原価

　兼業事業として製造業や、設計業務や清掃業務等のサービス業など、物品販売以外の事業を行なっている場合に、期中に完成した製品・提供したサービスの原価の合計金額を記載します。3－4項で説明しましたが、製造業会計は材料費、外注費、経費の3つの費用で構成されており、その内訳を「（当期製品製造原価の内訳）」欄に記載します。

● 期末商品（製品）たな卸高

　期末時点で売れ残っている商品・製品在庫の金額を記載します。建設業財務諸表では初期表示されていませんが、貸借対照表の商品・製品と一致し、次期の兼業事業売上原価報告書の「期首商品（製品）たな卸高」と一致します。

　ここで1つ気をつけたいのは、製造原価の内訳です。3－3項で人件費の分け方を、3－4項で工事原価をきちんと計上することの重要性をそれぞれ説明しましたが、兼業原価についても同じことがいえます。

　収益費用対応の原則に則り、兼業原価に計上すべき材料費、労務費、経費をきちんと計上しましょう。

　具体的には、工事原価のときと同様に、決算書の原価を工事分と兼業分に売上比率で案分したり、損益計算書の販売費及び一般管理費の各科目に合算されているであろう兼業事業分を抜き出したりして、兼業事業売上原価に振り替える必要があります。

6-2 経営状況分析（Y点）の8指標は平等ではない

経営状況分析の全体像

　本章では、経営事項審査を受ける際に、事前に受けなければならない経営状況分析（Y点）の8つの指標について、1つずつ解説していきますが、その前に経営状況分析の全体像を把握しておきましょう。

　経営状況分析（Y点）は次の8つの指標で構成されていて、それぞれ決まった係数を掛けて計算します。Y点の最高点は1,595点、最低点は0点です。

①純支払利息比率
②負債回転期間
③総資本売上総利益率
④売上高経常利益率
⑤自己資本対固定資産比率
⑥自己資本比率
⑦営業キャッシュフロー
⑧利益剰余金

経営状況分析（Y点） ＝ 583＋167.3×｛－0.4650×（①）
　－0.0508×（②）　＋0.0264×（③）　＋0.0277×（④）
　＋0.0011×（⑤）　＋0.0089×（⑥）　＋0.0818×（⑦）
　＋0.0172×（⑧）　＋0.1906｝

　8つの指標で何が評価されているのかは理解してほしいところですが、上記計算式については覚える必要はありません。
　8つの指標についての求め方（計算式）と、それぞれの指標を計

算して算出された一番良い数値と一番悪い数値は下表のとおりです。

　8つの指標のうち、「純支払利息比率」と「負債回転期間」の2つだけは数値が小さいほど良い指標で、残りの6つの指標は数値が大きいほど良い指標となります。

指標	求め方	一番良い数値	一番悪い数値	良し悪し
純支払利息比率	$\dfrac{支払利息－受取利息配当金}{総売上高} \times 100$	-0.3%	5.1%	小さいほど良い
負債回転期間	$\dfrac{流動負債＋固定負債}{総売上高÷12}$	0.9か月	18.0か月	小さいほど良い
総資本売上総利益率	$\dfrac{売上総利益}{総資本の2期平均} \times 100$	63.6%	6.5%	大きいほど良い
売上高経常利益率	$\dfrac{経常利益}{総売上高} \times 100$	5.1%	-8.5%	大きいほど良い
自己資本対固定資産比率	$\dfrac{自己資本}{固定資産} \times 100$	350.0%	-76.5%	大きいほど良い
自己資本比率	$\dfrac{自己資本}{総資本} \times 100$	68.5%	-68.6%	大きいほど良い
営業キャッシュフロー	$\dfrac{営業キャッシュフローの2期平均}{1億円}$	15.0億円	-10.0億円	大きいほど良い
利益剰余金	$\dfrac{利益剰余金}{1億円}$	100.0億円	-3.0億円	大きいほど良い

📄 中小建設業者にとって重要な指標は？

　ここまでは、登録分析機関や他の行政書士のホームページにも記載されている内容だと思います。重要なのは、この後です。

　売上も資産も潤沢にある大企業とは違い、売上10億円以下の中小建設業者においては8つの指標すべてを追いかけるのは現実的ではありませんし、その必要もありません！

　それはなぜなのかを説明したいと思います。次のグラフをご覧ください。

165

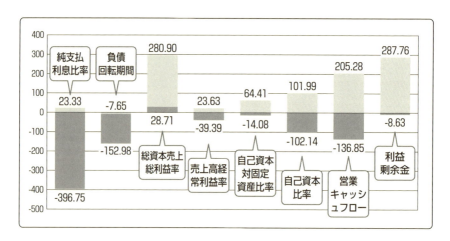

　このグラフは、経営状況分析の8つの各指標が、Y点を算出するのにどれだけ貢献しているかを示したものです。それぞれ一番良いときと一番悪いときの数値に、係数をかけてY点に換算した数値が記載されています。パッと見てわかるように、指標によって一番良いときと一番悪いときの振れ幅には大きな差があります。

　たとえば、一番左にある「純支払利息比率」は一番良いときは23.33点ですが、一番悪いときは－396.75点で、実に420点（P点換算で84点）もの差があります。

　一方で、左から4つめの「売上高経常利益率」を見ると、一番良いときが23.63点、一番悪いときが－39.39点なので、その差は63点（P点換算で12.6点）程度しかありません。

　この振れ幅に着目して8つの指標を見てみると、真ん中の2つの指標「売上高経常利益率」と「自己資本対固定資産比率」は一生懸命に対策を講じても劇的な効果は得られないということになるので、中小建設業者がここに注力するのは得策とはいえません。

　そうなると、あとに6つの指標が残りますが、一番右の2つの指標「営業キャッシュフロー」と「利益剰余金」については、売上10億円以下の中小建設業者においては、どうしても点数がつかないようになっている指標であり、かつ、対策にはある程度中長期的な時間がかかるので、中小建設業者がいますぐ手を打てる対策が難しい

指標です。その理由については、各指標の解説のときに詳しく説明します。

「振れ幅が大きいのにもったいない！」と思うかもしれませんが、この２つの指標はおまけ程度に考えて、気にしなくてかまいません。

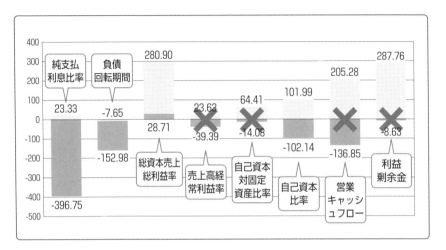

そうすると残るのは、振れ幅の大きい順に次の４つの指標です。

- 純支払利息比率
- 総資本売上総利益率
- 自己資本比率
- 負債回転期間

ここまでグラフを見ながら説明してきたように、８つの指標は平等ではありません。したがって、８つの指標すべてを上げようとせずに、メリハリをつけて対策を講じていくことが大切です。

では、次項から８つの指標を順に見ていきましょう。

6-3

純支払利息比率

📄 売上高に対して金利負担はどれだけあるか

「純支払利息比率」は、売上高に対して実質的な金利負担がどれだけあるかを示す指標で、計算式は次のとおりです。

$$
純支払利息比率 = \frac{支払利息 ↘ - 受取利息配当金 ↗}{総売上高 ↗} × 100
$$

計算で求められた数値が小さいほど点数が良く、一番良い数値は -0.3％、一番悪い数値は5.1％です。一般財団法人建設業情報管理センター（以下「ＣＩＩＣ」）が公表している「建設業の経営分析」（ＣＩＩＣで経営状況分析を受けた建設業専業の法人を対象とした調査結果）によると、令和4年度の平均は0.21％となっています。

さて、前述のとおり純支払利息比率は分数が小さいほど点数が良いので、分数を小さくするように各科目を見ていきましょう。

●支払利息

計算式の分数の分子に位置しているので、「支払利息」が小さいほど純支払利息比率の数値は小さくなり、全体の点数が高くなります。「支払利息が多い＝借入金が多い」ことになるので、当然といえば当然です。

この点、税務申告の決算書では、「支払利息割引料」という勘定科目をよく見かけます。しかし、これは「支払利息（と手形）割引料」の総称で、支払利息と手形割引料（手形売却損）は性質上似ているので、まとめて表示してしまおうという勘定科目です。

しかし、建設業財務諸表の「支払利息」のなかに手形割引料が含まれた状態で計算すると、純然たる支払利息以外のものを含んだ形

168

で計算してしまうことになるため、正しくないうえに損をしてしまいます。

そこで、決算書の「支払利息割引料」や「支払利息」の中身を確認して、建設業財務諸表の「支払利息」には、純然たる支払利息のみを計上するようにしてください。

以前は「支払利息割引料」として建設業財務諸表にも科目が設けられていましたが、いまは「支払利息」と「手形割引料（手形売却損）」を区別するようになりました。

● 受取利息配当金

計算式の分数の分子に位置していますが、分子全体を見たときに支払利息から差し引くため、「受取利息配当金」が大きいほど純支払利息比率の数値は小さくなり、全体の点数が高くなります。

この建設業財務諸表における「受取利息配当金」は、「受取利息（と受取）配当金」の総称で、受取利息は文字通り受け取った利息です。銀行口座にお金を預けているときの受取利息のほか、従業員や関係会社への貸付金利息も含まれます。また、受取配当金は、保有している株式等の配当金や信用金庫・信用組合等からの剰余金の分配（配当）です。

この点、税務申告の決算書では、貸付金利息や受取配当金が「雑収入」として計上されていることがけっこう多いです。決算書の「雑収入」にはこうした"埋蔵金"が眠っているかもしれませんので、必ずチェックするようにしましょう。

支払利息も受取利息配当金も、決算日を迎えた後、決算書ができあがった後でも、科目を精査することで、より正確な処理により点数が高くなる点が特徴的なポイントです。

● 総売上高

計算式の分数の分母に位置しているので、「総売上高」が大きいほど純支払利息比率の数値は小さくなり、全体の点数が高くなりま

す。ただし、売上が0の場合は0点ではなく、最低点扱いになります。

　経営事項審査は"建設業者の通信簿"として、公共工事の客観的評価として活用されていますが、完成工事高だけではなく、兼業事業売上高を含めた「総売上高」で評価している点がポイントです。

6-4

負債回転期間

6

章

経営事項審査を受ける場合の建設業財務諸表

📄 負債総額は１か月平均売上高の何か月分あるか

「**負債回転期間**」は、負債総額が１か月あたりの平均売上高の何か月分に相当するかを示す指標で、計算式は次のとおりです。

$$
負債回転期間 = \frac{流動負債💊＋固定負債💊}{総売上高÷12📈}
$$

純支払利息比率と同様、計算で求められた数値が小さいほど点数が良く、一番良い数値は0.9か月、一番悪い数値は18.0か月です。ＣＩＩＣの「建設業の経営分析」によると、令和４年度の平均は6.46か月となっています。

さて、前述のとおり負債回転期間も分数が小さいほど点数が良いので、分数を小さくするように各科目を見ていきましょう。

● 流動負債＋固定負債＝負債合計

計算式の分数の分子に位置しているので、「負債合計」が小さいほど負債回転期間の数値は小さくなり、全体の点数が高くなります。「負債が多い＝これから支払いや返済をしなければならない金額が多い」ことになるので、当然といえば当然です。

純支払利息比率のときとは異なり、決算日を迎えた後、決算書ができあがった後には、負債を小さくすることはできません。裏を返せば、日ごろから注視しておかなければならないということです。不必要な借入れをしない、急激な受注増には気をつける等、負債の額の増減には常日頃から注意しましょう。

171

●総売上高÷12

　計算式の分数の分母に位置しているので、「総売上高」が大きい
ほど負債回転期間の数値は小さくなり、全体の点数が高くなります。
ただし、純支払利息比率と同様、売上が0の場合は0点ではなく最
低点扱いになります。

　ここでも「総」売上高が採用されており、これを12で割って1か
月あたりの平均売上高を計算します。

6-5

総資本売上総利益率

📄 保有資産からどれだけの売上総利益をあげたか

　「総資本売上総利益率」は、保有している資産を使用してどれだけ効率よく売上総利益（粗利）を稼げたかを示す指標で、計算式は次のとおりです。

$$総資本売上総利益率＝\frac{売上総利益 \nearrow}{総資本（２期平均）\searrow}×100$$

　計算で求められた数値が大きいほど点数が良く、一番良い数値は63.6％、一番悪い数値は6.5％です。ＣＩＩＣの「建設業の経営分析」によると、令和４年度の平均は33.26％となっています。

　さて、前の２つの指標は計算式の分数が小さいほど点数が良かったのですが、これから登場する６つの指標は、分数が大きいほど点数が良いので、計算式の分数を大きくするように各科目を見ていきましょう。

●売上総利益

　計算式の分数の分子に位置しているので、「売上総利益」が大きいほど総資本売上総利益率の数値は大きくなり、全体の点数が高くなります。「売上総利益が多い＝儲かっている」ことになるので、当然といえば当然です。

　売上総利益については１章で説明しましたが、売上から原価を差し引いたものが売上総利益です。ここでも「完成工事総利益」ではなく、兼業事業分も合算した「売上総利益」を採用しています。

　ここで思い出してほしいのが、３－４項で解説した工事原価報告書の作成についてです。売上から原価を差し引いたものが売上総利

益ですが、その原価が本来計上すべき額よりも小さかったらどうなるでしょうか？

そこで、3-4項のケース②「工事原価に人件費が一切出てこない」場合を図にしてみました。

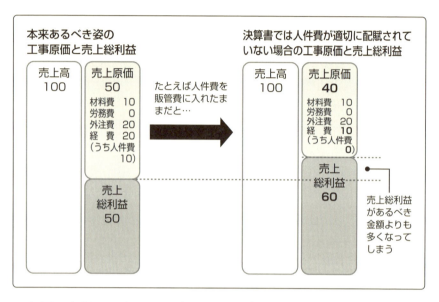

上図の左側は、あるべき姿として工事原価に人件費をきちんと計上した状態で、右側は、決算書どおりに人件費は販管費及び一般管理費にまとめてあり、工事原価に計上していない状態です。

一目見てわかるように、本来工事原価に計上すべき人件費を原価に含めないことで、原価は「50→40」に減少し、その分だけ売上総利益が「50→60」に増加しています。売上総利益が増加しているので、経営状況分析のY点ひいては経審の点数にもプラスに働くことになります。

故意で原価に人件費を計上しないのは論外ですが、このしくみを知らなかったとしても、正しくない状態で経営状況分析を受けて不当に高い点数を得ていることになってしまいます。

決算書から転記しているだけだと、3-4項で触れた技術者配置義務違反や一括下請負の疑義が生じるだけでなく、経営事項審査の

虚偽申請にもなりかねませんので、十分に気をつけてください。

●総資本（総資産）の２期平均

　計算式の分数の分母に位置しているので、「総資本（資産合計＝負債純資産合計）」が小さいほど総資本売上総利益率の数値は大きくなり、全体の点数が高くなります。ただし、２期平均の額が30,000千円未満の場合は30,000千円とみなして計算します。

　「総資本（資産合計＝負債純資産合計）」は、貸借対照表全体のボリュームです。一般的には「総資本（総資産）が大きい＝規模が大きい会社」ということで、財務的な評価も高くなりそうですが、総資本売上総利益率は単純な規模ではなく比率で評価します。

　したがって、売上総利益が増えても、それ以上に総資産が増えた場合には、この指標ではマイナスに作用します。

6-6

同じ会社の経営状況分析を
複数の分析機関に出してみたら

📄 2つの分析機関の総資本売上総利益に差が出た

　総資本売上総利益率を紹介したところで、ちょっとした実験結果を報告しようと思います。

　ある建設業者の経営状況分析を実験的に2社の分析機関に依頼してみたところ、次のような結果通知書が発行されました。

- ●分析結果通知書（177ページ）＝分析機関Aとします。
- ●分析結果通知書（178ページ）＝分析機関Bとします。

　まず見ていただきたいのは、売上総利益の金額です。分析機関Aでは32,593千円、分析機関Bでは38,593千円となっており、6,000千円の差が生じています。

　この6,000千円は技術職員の給料なのですが、分析機関Aでは「完成工事原価」に入れ、分析機関Bでは「販売費及び一般管理費」のままとなっています。

　これを受けて、総資本売上総利益率は、分析機関Aでは45.177%、分析機関Bでは53.493%となっており、技術職員の給料を「販売費及び一般管理費」に入れたままのほうが、指標の数値が高くなっています。

　最終的に経営状況分析のY点は、分析機関Aが1,000点、分析機関Bが1,036点となっており、36点（P点換算で7点）もの差が生じました。

　登録している経営状況分析機関は、どこで分析を受けても同じ結果にならないとおかしいはずなのですが、この差はどこから生じるのでしょうか？

176

様式第二十五号の十三（第十九条の五関係）

（用紙Ａ４）

1	0	0	0	6

経 営 状 況 分 析 結 果 通 知 書

令和 ○ 年 ○ 月 ○ 日

登 録 経 営 状 況 分 析 機 関
登 録 番 号
登 録 年 月 日
　　　　　　　　　殿　　登録経営状況分析機関代表者

経営状況分析の結果を通知します。
この経営状況分析結果通知書の記載事項は、事実に相違ありません。

注）「処理の区分」の欄は、建設業法施行規則別記様式第25号の11の記載要領の別表(2)の分類に従い、経営状況分析を行つた処理の区分を
　　表示してあります。

許 可 番 号　　　　　　　　号
審 査 基 準 日　令和　6 年　3 月　31 日
電 話 番 号
処 理 の 区 分
項 番

資 本 金　＿＿＿＿＿＿10,000 （千円）

7 1 0 1	売上高に占める 完成工事高の割合	9 7 3	％

7 1 0 2	単 独 決 算 又 は 連 結 決 算 の 別	1	〔1.単独決算、2.連結決算〕

経営状況分析

		数　値			数　値
7 1 0 3	純 支 払 利 息 比 率	0 0 0 0	自己資本対固定資産比率	3 5 0 0 0 0
7 1 0 4	負 債 回 転 期 間	0 9 0 0	自 己 資 本 比 率	6 8 5 0 0
7 1 0 5	総資本売上総利益率	4 5 1 7 7	営業キャッシュフロー	0 0 9 9
7 1 0 6	売上高経常利益率	5 1 0 0	利 益 剰 余 金	0 5 6 0

経 営 状 況 点 数 （ A ） ＝　　　2.49

7 1 0 7	経営状況分析結果（Y） ＝	1 0 0 0

		金　額 （千円）			金　額 （千円）
7 1 0 8	固 定 資 産	3 9 1 0	売 上 高	9 4 4 1 5
7 1 0 9	流 動 負 債	5 6 9 6	売 上 総 利 益	3 2 5 9 3
7 1 1 0	固 定 負 債	0	受 取 利 息 配 当 金	0
7 1 1 1	利 益 剰 余 金	5 5 9 7 5	支 払 利 息	0
7 1 1 2	自 己 資 本	6 5 9 7 5	経 常（事業主）利益	4 9 9 4
7 1 1 3	総 資 本 （ 当 期 ）	7 1 6 7 2	営業キャッシュフロー （ 当 期 ）	0
7 1 1 4	総 資 本 （ 前 期 ）	7 2 6 1 9	営業キャッシュフロー （ 前 期 ）	1 9 8 3 3

参考値	営 業 利 益 （ 当 期 ）	4457	営 業 利 益 （ 前 期 ）	10259
	減価償却実施額（当期）	1068	減価償却実施額（前期）	1738

【経営状況分析結果通知書の原本確認】
URL：
照会番号：
原本照会サイトに関するお問合せ先

【認証キー情報】

様式第二十五号の十三（第十九条の五関係）

（用紙Ａ４）
`1 0 0 0 6`

経営状況分析結果通知書

令和 ○年 ○月 ○日

殿

経営状況分析の結果を通知します。
この経営状況分析結果通知書の記載事項は、事実に相違ありません。

注）「処理の区分」の欄は、建設業法施行規則別記様式第25号の11の記載要領の別表（２）の分類に従い、
経営状況分析を行つた処理の区分を表示してあります。

許 可 番 号	号		
審 査 基 準 日	令和 6年 3月31日		
電 話 番 号			
処 理 の 区 分			

項番

	資 本 金	10,000	（千円）
`7 1 0 1`	売上高に占める 完成工事高の割合	`97 3` %	
`7 1 0 2`	単独決算又は 連結決算の別	`1`	〔1.単独決算、2.連結決算〕

経営状況分析	数 値		数 値
`7 1 0 3` 純 支 払 利 息 比 率	`0 000`	自己資本対固定資産比率	`350 000`
`7 1 0 4` 負 債 回 転 期 間	`0 900`	自 己 資 本 比 率	`68 500`
`7 1 0 5` 総資本売上総利益率	`53 493`	営 業 キ ャ ッ シ ュ フ ロ ー	`0 099`
`7 1 0 6` 売 上 高 経 常 利 益 率	`5 100`	利 益 剰 余 金	`0 560`
	経営状況点数（A）＝	2.71	
`7 1 0 7` 経営状況分析結果（Y）＝	`1036`		

	金 額 （千円）		金 額 （千円）
`7 1 0 8` 固 定 資 産	`3910`	売 上 高	`94415`
`7 1 0 9` 流 動 負 債	`5696`	売 上 総 利 益	`38593`
`7 1 1 0` 固 定 負 債	`0`	受 取 利 息 配 当 金	`0`
`7 1 1 1` 利 益 剰 余 金	`55975`	支 払 利 息	`0`
`7 1 1 2` 自 己 資 本	`65975`	経 常 （事業主） 利 益	`4994`
`7 1 1 3` 総 資 本 （当期）	`71672`	営 業 キ ャ ッ シ ュ フ ロ ー （ 当 期 ）	`0`
`7 1 1 4` 総 資 本 （前期）	`72619`	営 業 キ ャ ッ シ ュ フ ロ ー （ 前 期 ）	`19833`
`参考値` 営業利益（当期）	4,457	営 業 利 益 （前期）	10,259
減価償却実施額（当期）	1,068	減価償却実施額（前期）	1,738

【経営状況分析結果通知書の原本確認】

URL：

結果通知書番号： 　　　　照会番号：

この実験を行なうにあたり、分析機関ＡにもＢにも、人件費が計上されていない完成工事原価報告書で分析の申請を行ないました。

　すると、分析機関Ａからは建設業法の観点や収益費用対応の原則から考えて、原価の人件費がゼロなのはおかしい、との理由で販売費及び一般管理費から原価への振替（修正）指示があったのに対し、分析機関Ｂからは特に指摘はなく、人件費ゼロの工事原価のまま審査が通ったのです。

　このように、以前は厳格かつ統一的だった経営状況分析の審査上の取扱いが、前回の改正から15年以上も経過して、最近は基準が曖昧になってきていると感じています。

　分析機関によってＹ点が違ってしまうようでは、経営事項審査の客観性は担保できず、公正かつ公平な入札制度の根幹が揺らいでしまうことになりますので、国も改めて基準を明確にしていただきたいと切に願うばかりです。

6-7

売上高経常利益率

経常利益は売上高に対してどれくらいか

「売上高経常利益率」は、企業が本業と経常的な財務活動で生み出した利益（経常利益）が売上高に対してどれくらい稼げたかを示す収益性の指標で、計算式は次のとおりです。

$$売上高経常利益率＝\frac{経常利益↗}{総売上高↘}×100$$

計算で求められた数値が大きいほど点数が良く、一番良い数値は5.16％、一番悪い数値は－8.5％です。ＣＩＩＣの「建設業の経営分析」によると、令和４年度の平均は2.77％となっています。

分数が大きいほど点数が良いので、分数を大きくするように各科目を見ていきましょう。

● 経常利益

計算式の分数の分子に位置しているので、「経常利益」が大きいほど売上高経常利益率の数値は大きくなり、全体の点数が高くなります。

経常利益は、売上を上げたり経費を見直してムダな支出を抑えたりすることで、結果的に増加させるほかありません。裏を返せば、日々のコツコツとした努力の積み重ねの結果といえるでしょう。

なお、まれにですが、本来「特別損失」とすべき費用が「販売費及び一般管理費」や「営業外費用」に紛れ込んでいることがあります。

決算日を迎えた後や決算書ができあがった後でも、数字が動く可能性は経常利益でもあり得ますので、各科目の内訳を精査するクセ

180

をつけておきましょう。

●総売上高

　計算式の分数の分母に位置しているので、「総売上高」が小さい
ほど売上高経常利益率の数値は大きくなり、全体の点数が高くなり
ます。いままでは、売上や売上総利益が大きいほど点数が高くなる
指標ばかりでしたが、この指標は売上が小さいほど点数が高くなり
ます。

　とはいえ、6－2項で説明したように、8指標は平等ではありま
せん。

　これまで説明してきた3つの指標（純支払利息比率、負債回転期
間、総資本売上総利益率）のほうが経営状況分析（Y点）への貢献
度が大きいので、そちらを優先すべきであって、わざわざ売上を小
さくする必要はまったくありません。

　売上が上がるほど、この指標だけは点数が下がるんだなぁくらい
の気持ちで理解していれば十分です。

6-8

自己資本対固定資産比率

📄 固定資産への投資は自己資本でどのくらいカバーできているか

「自己資本対固定資産比率」は、固定資産への投資が返済の必要がない自己資本でどの程度カバーできているかを示す健全性の指標で、計算式は次のとおりです。

$$
自己資本対固定資産比率 = \frac{自己資本（純資産合計）↗}{固定資産↘} \times 100
$$

計算で求められた数値が大きいほど点数が良く、一番良い数値は350.0％、一番悪い数値は−76.5％です。ＣＩＩＣの「建設業の経営分析」によると、令和4年度の平均は298.26％となっています。

分数が大きいほど点数が良いので、分数を大きくするように各科目を見ていきましょう。

●自己資本（純資産合計）

計算式の分数の分子に位置しているので、「自己資本（純資産合計）」が大きいほど、自己資本対固定資産比率の数値は大きくなり、全体の点数が高くなります。経営をしていくうえでは、自己資本は多ければ多いほどよいわけですが、経審および経営状況分析（Ｙ点）においても同じことがいえます。

1章で触れましたが、自己資本は株主が出資したお金（資本金等）と企業が事業活動から稼いだ利益の積み重ね（利益剰余金）からなります（評価差額金等もありますが、わかりやすさ重視でここでは省略します）。

したがって、自己資本を増やす方法は、新たな出資を募るなどして資本金を増やすこと、毎年きちんと利益を出し続けることの2つ

182

しか基本的にはありません。

　なお、増資をする場合には、決算日を迎えた後では意味がありません。期中に手続きを終えておく必要があります（登記申請は決算日後でも可）。

●固定資産

　計算式の分数の分母に位置しているので、「固定資産」が小さいほど数値が大きくなり、全体の点数が高くなります。

　現実的には、会社設立時などの特殊な事情以外あまり見たことはありませんが、固定資産が０のとき、「自己資本≦０」の場合は最低点扱い、「自己資本＞０」の場合は最高点扱いになります。

　ところで、自己資本対固定資産比率は、固定資産を持たない会社のほうが良い点数になってしまう、ちょっと変な指標なのです。

　建設業者にとって建設機械は大事な商売道具ですし、固定資産が過度に少ない場合には、必要な設備投資が行なわれていない可能性や工事を丸投げしている可能性も疑われます。そのため、自己資本対固定資産比率が高すぎる場合は、その原因がなんなのかを慎重に見きわめる必要があります。

6-9

自己資本比率

📄 自己資本が資産全体に占める割合

「自己資本比率」は、返済する必要のない資金（自己資本）が資産全体に占める割合を示す健全性の指標で、計算式は次のとおりです。

$$\text{自己資本比率} = \frac{\text{自己資本（純資産合計）} \nearrow}{\text{総資本（総資産）} \searrow} \times 100$$

計算で求められた数値が大きいほど点数が良く、一番良い数値は368.5％、一番悪い数値は−68.6％です。ＣＩＩＣの「建設業の経営分析」によると、令和４年度の平均は39.00％となっています。

分数が大きいほど点数が良いので、分数を大きくするように各科目を見ていきましょう。

● 自己資本（純資産合計）

計算式の分数の分子に位置しているので、「自己資本（純資産合計）」が大きいほど自己資本比率の数値は大きくなり、全体の点数が高くなります。

自己資本については前項で解説しているので、説明は省略しますが、6−2項で解説したとおり、自己資本比率は影響の大きい4指標の1つであるため、自己資本対固定資産比率のためというよりも自己資本比率のため、会社の安定経営のために、自己資本を増やしていくことを考えていくべきでしょう。

一般的に、自己資本比率が40％以上であれば会社がつぶれることはないといわれています。業界別の自己資本比率の統計データを掲載しておくので、自社の現在位置を把握する参考にしてください。

184

産業大分類	平　均
法人企業合計	41.71%
建設業	47.34%
製造業	46.39%
情報通信業	54.87%
運輸業・郵便	34.71%
卸売業	42.60%
小売業	35.06%
不動産業・物品賃貸業	36.27%
専門・技術サービス業	52.29%
宿泊業・飲食サービス業	16.16%
生活関連サービス業・娯楽業	34.79%
上記以外のサービス業	47.05%

(中小企業庁「令和5年中小企業実態基本調査報告書（令和4年度決算実績)」より数字を引用)

● 総資本（総資産）

　計算式の分数の分母に位置しているので、「総資本（資産合計＝負債純資産合計)」が小さいほど自己資本比率の数値は大きくなり、全体の点数が高くなります。現実的にはまずありえませんが、総資本が0の場合は最低点扱いになります。

　総資本については6－5項の「総資本売上総利益率」でも登場しましたが、ここでも小さいほど良いとされています。

　この2つの指標がY点に与える影響はとても大きいので、貸借対照表全体のボリュームが売上や売上総利益に比べて大きくなりすぎないように気をつけたいところです。

6-10

営業キャッシュフロー（営業ＣＦ）

本業で手元のお金はどれだけ増減したか

「営業キャッシュフロー」は、本業によって手元のお金がどれだけ増減したかを示す指標で、計算式は次のとおりです。

$$
営業キャッシュフロー＝\frac{営業ＣＦ（２期平均）}{100{,}000千円}
$$

計算で求められた数値が大きいほど点数が良く、一番良い数値は15.0億円、一番悪い数値は－10.0億円です。ＣＩＩＣの「建設業の経営分析」によると、令和４年度の平均は0.199億円となっています。

分数が大きいほど点数が良いのですが、分母は100,000千円（１億円）で固定されているので、分子だけを確認していきます。

● 営業キャッシュフロー

本来、キャッシュフロー計算書では「営業ＣＦ」「投資ＣＦ」「財務ＣＦ」の３つを個別に計算し、最後に取りまとめてキャッシュの期末残高を集計しますが、経営状況分析（Ｙ点）で評価対象としているのは営業ＣＦのみです。

本業で利益をあげている企業の営業ＣＦはプラスになりますが、経営状況分析での営業ＣＦは、一般的な営業ＣＦとは少し異なっており、計算式は次ページの囲みのとおりです。

なお、当期営業ＣＦと前期営業ＣＦをそれぞれ計算して、２年平均で判断します。

営業ＣＦ＝経常利益
　　＋減価償却実施額（①）
　　−法人税住民税及び事業税（②）
　　＋貸倒引当金（長期を含む）増減額（③）
　　−売掛債権（受取手形＋完成工事未収入金）増減額（④）
　　＋仕入債務（支払手形＋工事未払金）増減額（⑤）
　　−棚卸資産（未成工事支出金＋材料貯蔵品）増減額（⑥）
　　＋未成工事受入金増減額（⑦）

①減価償却実施額

　減価償却費は、費用として損益計算書に計上されますが、実際にお金が出ていくわけではないので、キャッシュフローの計算上はその分をプラスします。

②法人税住民税及び事業税

　法人税、住民税及び事業税は、経常利益の計算の後に出ていくものなので、マイナスします。

　以下の③以降は「増減額」となっているように、前期営業ＣＦについては前々期と前期、当期営業ＣＦについては前期と当期の各科目を比較して、その増減額を求めてから計算します。

③貸倒引当金（長期を含む）増減額

　貸倒引当金は、減価償却費と同様、実際にお金が出ていくわけではないので、前の期と比べて増えているとプラスします。

④売掛債権（受取手形＋完成工事未収入金）増減額

　建設業財務諸表の「受取手形」と「完成工事未収入金」が前の期と比べて増えていると、これらはキャッシュとして増えたわけではないのでマイナスします。この点、決算書に「売掛金」とあるものを機械的に「完成工事未収入金」としていると、営業ＣＦが正しく

187

計算されないことになります。

⑤**仕入債務（支払手形＋工事未払金）増減額**

仕入債務は、売掛債権の反対となる費用なので、考え方も真逆になります。建設業財務諸表の「支払手形」と「工事未払金」が前の期と比べて増えていると、これらはキャッシュとしてはまだ出ていっていないのでプラスします。この点、④と同様、「買掛金」や「未払金」を機械的に「買掛金」や「未払金」としていると、営業ＣＦが正しく計算されないことになります。

⑥**棚卸資産（未成工事支出金＋材料貯蔵品）増減額**

建設業財務諸表の「未成工事支出金」と「材料貯蔵品」が前期と比べて増えていると、その分キャッシュが出ていることになるのでマイナスします。ここでも決算書に「仕掛品」や「前渡金」とあるものを機械的に「未成工事支出金」や「前渡金（兼業分）」としていると、営業ＣＦが正しく計算されないことになります。

⑦**未成工事受入金増減額**

建設業財務諸表の「未成工事受入金」が前の期と比べて増えていると、負債ではありますが、キャッシュが増えたことになるのでプラスします。ここでも決算書に「前受金」とあるものを機械的に「前受金（兼業分）」としてしまうと、営業ＣＦが正しく計算されないことになります。

純支払利息比率や負債回転期間とは異なり、営業ＣＦの計算には兼業事業を含めず、建設業に関連する科目のみを計算に用いる点がポイントです。

建設業財務諸表に表示される各科目を計算に用いるので、２章で説明したように、売掛金や買掛金を建設業と兼業事業とで区分するのは経営状況分析で適切なＹ点を計算するためでもあるのです。

建設業財務諸表を作成するときは、決算書だけでなく、確定申告書に添付されている勘定科目の内訳明細書等をきちんと確認するようにしましょう。

6-11

利益剰余金

事業継続で利益はどれだけ積み重ねられたか

「**利益剰余金**」は、事業活動を継続することで利益をどれだけ積み重ねたかを示す指標で、計算式は次のとおりです。

$$
利益剰余金 = \frac{利益剰余金}{100,000千円}
$$

計算で求められた数値が大きいほど点数が良く、一番良い数値は100.0億円、一番悪い数値は−3.0億円です。ＣＩＩＣの「建設業の経営分析」によると、令和４年度の平均は1.847億円となっています。

分数が大きいほど点数が良いのですが、前項の営業ＣＦと同様、分母は100,000千円（１億円）で固定されているので、分子だけ確認していきます。

●利益剰余金

```
                    純  資  産  の  部

 I  株  主  資  本
    (1) 資本金
    (2) 新株式申込証拠金
    (3) 資本剰余金
         資本準備金
         その他資本剰余金
         資本剰余金合計
    (4) 利益剰余金
        利益準備金
        その他利益剰余金
              準備金
              積立金
        繰越利益剰余金
        利益剰余金合計
    (5) 自己株式                        △
    (6) 自己株式申込証拠金
              株主資本合計
```

6

章

経営事項審査を受ける場合の建設業財務諸表

建設業財務諸表の「利益剰余金合計」（前ページ下図）を用いて計算します。

「利益剰余金」の計算式には、「営業ＣＦ」と同様に、分母に100,000千円（１億円）という固定された数字が入っています。他の６つの指標は建設業財務諸表の科目対科目の相対評価であるのに対して、「営業ＣＦ」と「利益剰余金」は固定した数字を計算に用いる絶対的評価の指標ということができます。

この２つの指標は、大企業と中小企業を区別するために設けられた指標といわれています。

なお、中小企業はここではあまり点数がつかないようになっているので、この２つの指標で点数があまり伸びなくても気にする必要はありません。

さて、経営状況分析（Ｙ点）の各指標について簡単に説明してきましたが、経営状況分析ひいては経営事項審査は、公共工事の入札参加登録における客観的評価として用いられていることは前述のとおりです。

しかし最近は、その客観性が揺らいでしまっていると感じることが多々あります。６－６項は、その一例です。

１章で述べたように税務基準で作成された決算書を建設業法や建設業会計の観点から建設業財務諸表に“翻訳”することは、公正かつ公平な入札制度を維持していくうえで、ある意味で公認会計士の監査に似たような役割を担っていると私は考えています。

改めて建設業者および行政書士が、きちんと襟を正して建設業財務諸表と真摯に向き合っていく必要があるのではないでしょうか。

巻 末 資 料

◎建設業財務諸表を作成するためのチェックリスト33

　　　　　　　　　　　　　　　…192〜193ページ

◎貸借対照表の勘定科目の翻訳一覧…194〜200ページ

◎損益計算書の勘定科目の翻訳一覧…201〜204ページ

◎建設業財務諸表を作成するためのチェックリスト33◎

NO.	確認	タイトル
		貸借対照表
1		貸借対照表の5%ルールに則って明示すべき科目を明示した。
2		兼業事業売上があるので、「売掛金」を、完成工事未収入金と売掛金（兼業）に分けた。
3		「未収入金」に完成工事未収入金が含まれていないか確認した。
4		「未収入金」に還付法人税等や還付消費税が含まれていないか確認した。
5		「仕掛品」「棚卸資産」「前渡金」に未成工事支出金、材料貯蔵品が含まれていないか確認した。
6		固定資産の記載方法が科目別間接控除法ではなかったので、別表16で確認した。
7		流動負債に割引（裏書）手形があったので、流動資産の受取手形と相殺して、注記表7（2）に記載した。
8		兼業事業売上があるので、「買掛金」を、工事未払金と買掛金（兼業）に分けた。
9		「未払金」に工事未払金が含まれていないか確認した。
10		借入金について、ワンイヤールールにもとづいて短期と長期を区別した。
11		「前受金」「前受収益」に未成工事受入金が含まれていないか確認した。
12		未払消費税がマイナスになっていたので、未収還付として流動資産に計上した。
13		貸倒引当金が流動負債に計上されていたので、流動資産にマイナス勘定で計上しなおした。
14		「繰延資産」の中身を確認し、表示5科目以外だったので、無形固定資産または投資その他の資産に振り替えた。
		損益計算書
15		決算書が税込なのか税抜なのかをきちんと確認した。
16		損益計算書の10%ルールに則って明示すべき科目を明示した。
17		人工出しは、完成工事高ではなく本当は兼業売上高になるので、区別して計上した。

18		役員報酬と法定福利費をきちんと計上した。
19		「雑収入」に貸付金利息や配当金が入っていたので、「受取利息配当金」に振り替えた。
20		「支払利息」に手形割引料が含まれていたので、「雑損失」に振り替えた。
21		特別利益、特別損失の科目名を明示した。
	完成工事原価報告書	
22		労務費、経費のうち人件費、販管費の給料手当の違いを考慮して計上した。
23		「経費のうち人件費ゼロ」は技術者の配置義務違反や丸投げの疑いが生じるので、きちんと計上した。
24		「経費ゼロ」は丸投げの疑いが生じるので、きちんと計上した。
25		工事と兼業の個々の原価が区別されていないため、売上から案分して計上した。
26		案分に伴い、貸借対照表の売掛金や買掛金なども案分して計上した。
	注記表	
27		注記表で絶対書かなければいけない2、3、4、6、9、18を漏れなく記載した。
28		注記表の記載2（1）資産の評価基準及び評価方法を確認して記載した。
29		注記表の記載2（2）固定資産の減価償却の方法を確認して記載した。
30		注記表の記載2（3）引当金の計上基準を確認して記載した。
31		注記表の記載2（4）収益及び費用の計上基準を確認して記載した。
32		注記表の記載2（5）消費税及び地方消費税に相当する額の会計処理の方法を記載した。
	その他	
33		資本金1億円超（または負債200億円以上）の会社なので、附属明細表を作成または有価証券報告書を添付した。

巻末資料

193

◎貸借対照表の勘定科目の翻訳一覧◎

<大前提> 金額が資産合計の５％を超える場合には、その他に含めず、該当する勘定科目で明示すること

決算書	判断の基準			建設業財務諸表
流動資産				
現金	→			現金預金
普通預金	→			現金預金
当座預金	→			現金預金
当座借越	→			（流動資産のマイナスではなく）【流動負債】短期借入金
定期預金	満期到来が１年以内	→		現金預金
	満期到来が１年超先	→		（長期性預金として）【投資その他の資産】その他
定期積金	→			現金預金
その他預金	→			現金預金
小切手	→			現金預金
受取手形	→			受取手形
電子記録債権、でんさい	資産合計の５％超	→		その他（電子記録債権）
	資産合計の５％以下	→		受取手形
ファクタリング	→			その他（未収入金）
完成工事未収入金	→			完成工事未収入金
売掛金	工事に関するもの	→		完成工事未収入金
	工事以外のもの	→		その他（売掛金（兼業））
契約資産	工事に関するもの	→		完成工事未収入金
	工事以外のもの	→		その他（売掛金（兼業））
有価証券	P/Lに評価益or損あり	→		有価証券
	前年と金額が同じ	→		【投資その他の資産】投資有価証券
	P/Lに評価益or損なし	→		【投資その他の資産】投資有価証券
売買目的有価証券	→			有価証券
親会社株式	→			有価証券
１年以内満期到来有価証券	→			有価証券
未成工事支出金	→			未成工事支出金
仕掛工事	→			未成工事支出金

原材料、貯蔵品、仮設材料、商品、製品	工事に関するもの	→	材料貯蔵品
	工事以外のもの	→	その他（商品、製品、販売用資産）
仕掛品、前払金、前渡金	工事に関するもの	→	未成工事支出金
	工事以外のもの	→	その他（商品、前渡金（兼業））
棚卸資産	工事に関するもの	未成工事に関するもの	未成工事支出金
		未使用の材料など	材料貯蔵品
	工事以外のもの	→	その他（商品、前渡金（兼業））
短期貸付金	1年以内に回収見込	→	短期貸付金
	長期化している	→	【投資その他の資産】長期貸付金
前払費用	→		前払費用
前払保険料	→		前払費用
前払賃借料	→		前払費用
不渡手形	→		【投資その他の資産】破産更生債権等
販売用不動産	→		その他（販売用不動産）
JV出資金	→		その他（JV出資金）
立替金	→		その他（立替金）
未収入金	工事に関するもの	→	完成工事未収入金
	工事以外のもの	法人税等の還付	その他（未収還付法人税等）
		消費税の還付	その他（未収消費税）
		上記以外	その他（未収入金）
未収還付法人税等	→		その他（未収還付法人税等）
未収消費税	→		その他（未収消費税）
未収収益	→		その他（未収収益）
仮払金	税金	源泉税など	その他（仮払税金）
		法人税など	仮払税金は不可！（※調整が必要）
		仮払消費税	下記参照
	上記以外	→	その他（仮払金）
仮払消費税	未成工事の仮払分	→	未成工事支出金
	仮受消費税と相殺していない	→	流動負債の仮受消費税と相殺する
	繰延消費税	→	【投資その他の資産】長期前払費用

差入保証料	1年以内に精算見込	→	その他(差入保証金)
	1年超	→	【投資その他の資産】差入保証金
工事保証金	→		その他(工事保証金)
営業外受取手形	→		その他(営業外受取手形)
貸倒引当金	→		貸倒引当金

有形固定資産		
建物	→	建物・構築物
建物付帯設備	→	建物・構築物
構築物	→	建物・構築物
設備	→	建物・構築物
造作	→	建物・構築物
内装工事	→	建物・構築物
工作物	→	建物・構築物
機械装置	→	機械・運搬具
車両運搬具	→	機械・運搬具
航空機	→	機械・運搬具
船舶	→	機械・運搬具
工具	→	工具器具・備品
器具	→	工具器具・備品
什器	→	工具器具・備品
備品	→	工具器具・備品
リース資産	→	リース資産
絵画	→	その他(絵画)
一括償却資産	→	その他(一括償却資産)
土地	→	土地
建設仮勘定	→	建設仮勘定

無形固定資産		
特許権	→	特許権
借地権	→	借地権
のれん	→	のれん
営業権	→	のれん
リース資産	→	リース資産
電話加入権	→	その他(電話加入権)

施設利用権		→	その他（施設利用権）
実用新案権		→	その他（実用新案権）
権利金		→	その他（権利金）
ソフトウェア		→	その他（ソフトウェア）
ノウハウ		→	その他（ノウハウ）

投資その他の資産			
株式		→	投資有価証券
満期保有目的有価証券		→	投資有価証券
関係会社株式		→	関係会社株式・関係会社出資金
関係会社出資金		→	関係会社株式・関係会社出資金
子会社株式		→	関係会社株式・関係会社出資金
子会社出資金		→	関係会社株式・関係会社出資金
長期貸付金	1年以内に回収見込	→	【流動資産】短期貸付金
	長期のもの	→	長期貸付金
長期前払費用		→	長期前払費用
リサイクル預託金		→	長期前払費用
出資金		→	その他（出資金）
貸付信託		→	その他（貸付信託）
投資信託		→	その他（投資信託）
投資用不動産		→	その他（投資用不動産）
保険積立金		→	その他（保険積立金）
敷金・礼金		→	その他（敷金・礼金）
保証金、差入保証金		→	その他（保証金、差入保証金）
会員権、ゴルフ会員権		→	その他（会員権、ゴルフ会員権）
供託金		→	その他（供託金）
貸倒引当金		→	貸倒引当金

繰延資産			
創立費		→	創立費
開業費		→	開業費
株式交付費		→	株式交付費
社債発行費		→	社債発行費
開発費		→	開発費
研究費		→	開発費

試験研究費	→			開発費
上記以外のもの	建設業財務諸表では、上記5科目しか認められない			【無形固定資産】または【投資その他の資産】その他

流動負債				
支払手形	→			支払手形
電子記録債務	→			支払手形
割引手形	→			流動資産の受取手形と相殺して、注記表7（2）に記載
裏書手形、裏書譲渡手形	→			流動資産の受取手形と相殺して、注記表7（2）に記載
工事未払金	→			工事未払金
買掛金	工事に関するもの		→	工事未払金
	工事以外のもの		→	その他（買掛金（兼業））
短期借入金	1年以内に返済見込		→	短期借入金
	長期化している		→	【固定負債】長期借入金
手形借入金	→			短期借入金
一年以内返済長期借入金	→			短期借入金
役員借入金	1年以内に返済見込		→	短期借入金
	長期化している		→	【固定負債】長期借入金
リース債務	→			リース債務
未払金	工事に関するもの		→	工事未払金
	工事以外のもの	法人税等の未払い		未払法人税等
		消費税の未払い		その他（未払消費税）
		上記以外		未払金
未払配当金	→			未払金
未払費用	工事に関するもの		→	工事未払金
	工事以外のもの		→	未払費用
未払給料手当	→			未払費用
未払利息	→			未払費用
納税充当金	→			未払法人税等
法人税等引当金	→			未払法人税等
未成工事受入金	→			未成工事受入金
契約負債	工事に関するもの		→	未成工事受入金
	工事以外のもの		→	その他（前受金（兼業））
預り金	→			預り金
所得税預り金	→			預り金

従業員預り金		→	預り金
社会保険料預り金		→	預り金
住民税預り金		→	預り金
前受金	工事に関するもの	→	未成工事受入金
	工事以外のもの	→	その他(前受金(兼業))
前受収益		→	前受収益
前受利息		→	前受収益
前受賃借料		→	前受収益
賞与引当金		→	_____引当金(科目名を明示)
完成工事補償引当金		→	_____引当金(科目名を明示)
修繕引当金		→	_____引当金(科目名を明示)
仮受金	工事に関するもの	→	未成工事受入金
	工事以外のもの	→	その他(仮受金)
営業外支払手形		→	その他(営業外支払手形)
預り保証金		→	預り金
未払消費税		→	その他(未払消費税)
仮受消費税	未成工事の仮受分	→	未成工事受入金
	仮払消費税と相殺していない	→	流動資産の仮払消費税と相殺する
貸倒引当金		→	流動資産にマイナス勘定として記載

固定負債			
社債		→	社債
長期借入金	1年以内に返済予定分	→	【流動負債】短期借入金
	それ以外の分	→	長期借入金
証書借入	1年以内に返済予定分	→	【流動負債】短期借入金
	それ以外の分	→	長期借入金
役員借入金	1年以内に返済見込	→	【流動負債】短期借入金
	長期化している	→	長期借入金
リース債務		→	リース債務
繰延税金負債		→	繰延税金負債
退職給付引当金		→	_____引当金(科目名を明示)
役員退職慰労引当金		→	_____引当金(科目名を明示)
負ののれん		→	負ののれん
長期未払金		→	その他(長期未払金)

長期預り金	→	その他(長期預り金)
預り保証金	→	その他(預り保証金)
民事再生債権等	→	その他(民事再生債権等)
貸倒引当金	→	固定資産にマイナス勘定として記載

純資産		
資本金	→	資本金
新株式申込証拠金	→	新株式申込証拠金
新株式払込金	→	新株式払込金
出資金申込証拠金	→	出資金申込証拠金
資本準備金	→	資本準備金
資本金減少差益	→	その他資本剰余金
資本準備金減少差益	→	その他資本剰余金
自己株式処分差益	→	その他資本剰余金
その他資本剰余金	→	その他資本剰余金
利益準備金	→	利益準備金
特別償却準備金	→	＿＿＿準備金(科目名を明示)
海外投資等損失準備金	→	＿＿＿準備金(科目名を明示)
別途積立金	→	＿＿＿積立金(科目名を明示)
固定資産圧縮積立金	→	＿＿＿積立金(科目名を明示)
配当平均積立金	→	＿＿＿積立金(科目名を明示)
自己株式	→	自己株式
自己株式申込証拠金	→	自己株式申込証拠金
自己株式払込金	→	自己株式申込証拠金
株式等評価差額金	→	その他有価証券評価差額金
その他有価証券評価差額金	→	その他有価証券評価差額金
繰延ヘッジ損益	→	繰延ヘッジ損益
土地再評価差額金	→	土地再評価差額金
新株予約権	→	新株予約権

◎損益計算書の勘定科目の翻訳一覧◎

<大前提１> 金額が各項目合計の10％を超える場合には、「その他」に含めず、該当する勘定科目で明示すること
<大前提２> 販売費及び一般管理費で、工事にかかわるものは【工事原価】の経費に振り替えること

決算書	判断の基準		建設業財務諸表
販売費及び一般管理費			
役員報酬	→		役員報酬
役員賞与	→		役員報酬
給料手当	→		従業員給料手当
従業員給料	→		従業員給料手当
賞与	→		従業員給料手当
賞与引当金繰入	→		従業員給料手当
退職金	→		退職金
退職引当金繰入額	→		退職金
役員退職慰労金	通常のもの	→	退職金
	臨時的なもの	→	特別損失
退職年金掛金	→		退職金
退職給付費用	→		退職金
建退共証紙	→		福利厚生費
中退共掛金	→		福利厚生費
法定福利費	→		法定福利費
福利費	法定のもの	→	法定福利費
	福利厚生のもの	→	福利厚生費
福利厚生費	→		福利厚生費
修繕費	→		修繕維持費
修繕維持費	→		修繕維持費
事務用品費	→		事務用品費
事務用消耗品費	→		事務用品費
事務用備品費	→		事務用品費
新聞図書費	→		事務用品費
事務費	→		事務用品費
通信交通費	→		通信交通費
通信費	→		通信交通費
旅費	→		通信交通費
交通費	→		通信交通費

201

出張費	→		通信交通費
動力用水光熱費	→		動力用水光熱費
水道代	→		動力用水光熱費
電気代	→		動力用水光熱費
ガス代	→		動力用水光熱費
調査費	→		調査研究費
研究費	→		調査研究費
広告宣伝費	→		広告宣伝費
広告費	→		広告宣伝費
宣伝費	→		広告宣伝費
採用費	→		雑費
貸倒引当金繰入額	→		貸倒引当金繰入額（△表示の場合は35P参照）
貸倒損失	→		貸倒損失
接待交際費	→		交際費
交際費	→		交際費
接待費	→		交際費
慶弔費	→		交際費
寄付金	→		寄付金
慶弔費	社内向け	→	福利厚生費
	取引先等の社外向け	→	交際費
減価償却費	→		減価償却費
試験費償却	→		開発費償却
開発費償却	→		開発費償却
租税公課	→		租税公課
消費税	→		租税公課
損害保険料	→		保険料
倒産防止共済掛金	→		保険料
支払手数料	→		雑費（支払手数料）
諸会費	→		雑費（諸会費）
会議費	→		雑費（会議費）
研修費	→		雑費（研修費）
リース料	→		雑費（リース料）
消耗品費	→		雑費（消耗品費）
管理費	→		雑費（管理費）
顧問料	→		雑費（顧問料）

支払報酬		→	雑費(支払報酬)
荷造運賃		→	雑費(荷造運賃)
車両費		→	雑費(車両費)
燃料費		→	雑費(燃料費)
廃棄物処理費		→	雑費(廃棄物処理費)
業務委託費		→	雑費(業務委託費)
賃借料	不動産に関するもの	→	地代家賃
	上記以外のもの	→	雑費(賃借料)
長期前払費用償却		→	雑費(長期前払費用償却)
人材派遣料		→	雑費(人材派遣料)
外注費	工事に関するもの	→	【完成工事原価】外注費
	工事以外のもの	→	雑費(外注費)
雑費		→	雑費

営業外収益			
受取利息		→	受取利息及び配当金
有価証券利息		→	受取利息及び配当金
受取配当金		→	受取利息及び配当金
貸付金利息		→	受取利息及び配当金
認定利息		→	受取利息及び配当金
有価証券売却益		→	その他(有価証券売却益)
受取家賃		→	その他(受取家賃)
保険解約返戻金		→	その他(保険解約返戻金)
雑収入		→	その他(雑収入)

営業外費用			
支払利息		→	支払利息
社債利息		→	支払利息
社債発行差金償却		→	支払利息
貸倒引当金繰入額		→	貸倒引当金繰入額
貸倒損失		→	貸倒損失
社債発行費償却		→	その他(社債発行費償却)
創立費償却		→	その他(創立費償却)
開業費償却		→	その他(開業費償却)
株式交付費償却		→	その他(株式交付費償却)
有価証券売却損		→	その他(有価証券売却損)

有価証券評価損	→	その他(有価証券評価損)
手形売却損	→	その他(手形売却損)
雑損失	→	その他(雑損失)

特別利益		
前期損益修正益	→	前期損益修正益
固定資産売却益	→	その他(固定資産売却益)
投資有価証券売却益	→	その他(投資有価証券売却益)
資産受贈益	→	その他(資産受贈益)
貸倒引当金戻入	→	その他(貸倒引当金戻入)
債務免除益	→	その他(債務免除益)

特別損失		
前期損益修正損	→	前期損益修正損
固定資産売却損	→	その他(固定資産売却損)
固定資産除却損	→	その他(固定資産除却損)
投資有価証券売却損	→	その他(投資有価証券売却損)
災害損失	→	その他(災害損失)
賠償金	→	その他(賠償金)
減損損失	→	その他(減損損失)

税金関係		
法人税、住民税及び事業税	→	法人税、住民税及び事業税
過年度分法人税	→	法人税、住民税及び事業税
追徴税額	→	法人税、住民税及び事業税
法人税等調整額	→	法人税等調整額

おわりに

　本書を最後までお読みいただき、まことにありがとうございました。

　日ごろから建設業財務諸表や経営事項審査と向き合っていて、「これはおかしい！」「経営事項審査の客観性・信頼性が揺らいでしまっている！」という理不尽さ・不公平感に対する怒りから始まった本書の企画でしたが、無事に（？）上梓することができました。

　建設業許可の取得や建設業法に関する書籍は多数あるものの、建設業財務諸表の作成について明解な記述をした書籍はあまりありませんでした。

　しかし、新人行政書士からの相談や東京都庁の相談コーナーに寄せられる質問では、建設業財務諸表の作成方法がわからないという相談が日々寄せられています。

　本書で解説しているとおり、建設業財務諸表の正しい作成方法を知らないために、毎年提出する決算変更届において、建設業法で禁止されている一括下請負（工事の丸投げ）を自認する書類になってしまっていたり、入札のための経営事項審査において過大評価を受けるような虚偽申請になってしまっていたりと、本人が気づかぬうちにリスクを含む書類をつくってしまっていることが多々あります。

　建設業財務諸表を正しく理解することで、上記前段については役所に目をつけられなくて済むようになりますし、後段については虚偽申請を防ぐことにつながり、ひいては会社を守ることにつながると考えます。

　また、特に経営事項審査においては、工事の入札業者を選定するための客観的評価として各省庁や自治体等で用いられるため、その評価方法は客観的かつ統一的でなければなりません。しかし、本書でも紹介しているとおり、現在、その客観性が揺らいでしまってい

ます。

　公正な競争入札を担保するために、すべての建設業者が正しく評価を受けるようになってほしい、すべての行政書士が正しくサポートする業界であってほしい、そう願ってやみません。

　本書が、建設業者と行政書士皆さまの成長のきっかけとなれば幸甚です。

　本書の出版にあたり、アニモ出版の小林様には企画、構成検討、校正の各段階で多大かつ的確な助言をいただきました。そして、お名前の明記は固辞されましたが、Ｋ様にはたくさんご指導・ご協力をいただきました。おかげさまで納得のいく書籍に仕上がりましたこと、心より御礼申し上げます。

　また、今回も執筆のために業務を支え続けてくれた前田さん、高橋さん、いつも本当にありがとうございます。2人のサポートには感謝してもしきれません。

小林　裕門

【参考文献】
- 『2024年改訂　建設業会計提要』（大成出版社）
- 『すぐわかるよくわかる　株式・特例有限・合同会社のための［全訂版］建設業財務諸表の作り方　決算報告から経営事項審査申請までの手続を詳解』（大成出版社）
- 『建設業決算報告書作成の手引き（北海道版）』（一般社団法人北海道土木協会）
- 『建設業の経営分析（令和4年度）』（一般財団法人建設業情報管理センター）
- 『建設業財務諸表マニュアル（改訂7版）』（東京都行政書士会）

小林裕門〔こばやし　ひろと〕

行政書士法人Co-Labo代表社員。株式会社Co-Labo代表取締役。1980年8月、神奈川県横浜市生まれ。都内の行政書士事務所勤務を経て、2007年、26歳のときに独立開業。建設・不動産関係の許認可手続きを専門とし、入札コンサルティングも展開。年間の関与先は500を超え、建設・不動産業界に精通した行政書士の1人として定評がある。同業者からの信頼も厚く、2009年、史上最年少で東京都行政書士会建設宅建部員に就任し、現在8期目。事務所開設丸2年での就任は、きわめて異例と評される。2021年には、一般社団法人全国建行協（建設業関係業務を専門的に扱う全国の行政書士による研究集団）の理事に就任し、活躍の場を広げている。「入札コンサルティングで建設業者さんの売上に貢献する!」をミッションとし、公共工事の実績をゼロから創り出すサポートを得意としている。著書に『中小建設業者のための「公共工事」受注の最強ガイド』（アニモ出版）がある。

【行政書士法人Co-Laboホームページ】
　https://gscolabo.co.jp/
【フォローすると公共工事の受注に近づくかもしれないX】
　@kobayas_hi_roto
【YouTube 入札チャンネル】
　https://www.youtube.com/@co-labo
【一般社団法人全国建行協ホームページ】
　http://kengyokyo.jp/

けんせつぎょうしゃ　ぎょうせいしょし
建設業者と行政書士のための
けんせつぎょうざい む しょひょう　さいきょう
建設業財務諸表の最強ガイド

2024年11月15日　　初版発行

著　者　小林裕門

発行者　吉溪慎太郎

発行所　株式会社**アニモ出版**
　　　　〒162-0832 東京都新宿区岩戸町12 レベッカビル
　　　　TEL 03(5206)8505　FAX 03(6265)0130
　　　　http://www.animo-pub.co.jp/

©H.Kobayashi 2024　ISBN978-4-89795-291-8
印刷・製本：壮光舎印刷　Printed in Japan

落丁・乱丁本は、小社送料負担にてお取り替えいたします。
本書の内容についてのお問い合わせは、書面かFAXにてお願いいたします。

アニモ出版　わかりやすくて・すぐに役立つ実用書

中小建設業者のための
「公共工事」受注の最強ガイド

【改訂2版】小林 裕門 著　定価 2750円

経営事項審査（経審）や入札のしくみから、経営状況分析のしかたや経審対策、電子申請の知識まで、最短で効率よく受注を実現するためのとっておきのノウハウをやさしく解説。

労災保険の実務と手続き 最強ガイド

【改訂3版】太田 麻衣 著　定価 2640円

業務災害・通勤災害にあったときの労災保険給付の基礎知識、実務ポイントから、申請書の書き方、労災認定可否の事例集まで、初めての人でも図解と書式でやさしくわかる決定版！

図解でわかる労働者派遣 いちばん最初に読む本

【改訂2版】佐藤 広一・星野 陽子 著　定価 1980円

派遣業務をめぐる基礎知識から許可申請・運用フローまで、派遣元・派遣先の実務がやさしくわかる本。同一労働・同一賃金および改正・労働者派遣法にも完全対応した最新内容！

図解 経営のしくみがわかる本

野上 眞一 著　定価 1760円

会社のしくみや経営戦略の手法から、財務・会計・税務の知識やDX、ESGへの対応のしかたまで、わかりやすい図解とやさしい解説で、素朴な疑問にズバリ答える入門経営書。

定価変更の場合はご了承ください。